Fachwissen Technische Akustik

Diese Reihe behandelt die physikalischen und physiologischen Grundlagen der Technischen Akustik, Probleme der Maschinen- und Raumakustik sowie die akustische Messtechnik. Vorgestellt werden die in der Technischen Akustik nutzbaren numerischen Methoden einschließlich der Normen und Richtlinien, die bei der täglichen Arbeit auf diesen Gebieten benötigt werden.

Weitere Bände in der Reihe http://www.springer.com/series/15809

Michael Möser
(Hrsg.)

Schallpegelmesstechnik und ihre Anwendung

Springer Vieweg

Herausgeber
Michael Möser
Institut für Technische Akustik
Technische Universität Berlin
Berlin, Deutschland

ISSN 2522-8080 ISSN 2522-8099 (electronic)
Fachwissen Technische Akustik
ISBN 978-3-662-56674-9 ISBN 978-3-662-56675-6 (eBook)
https://doi.org/10.1007/978-3-662-56675-6

Die Deutsche Nationalbibliothek verzeichnet diese Publikation in der Deutschen Nationalbibliografie; detaillierte bibliografische Daten sind im Internet über http://dnb.d-nb.de abrufbar.

Springer Vieweg

Gedruckt auf säurefreiem und chlorfrei gebleichtem Papier

Springer Vieweg ist ein Imprint der eingetragenen Gesellschaft Springer-Verlag GmbH, DE und ist ein Teil von Springer Nature
Die Anschrift der Gesellschaft ist: Heidelberger Platz 3, 14197 Berlin, Germany

Inhaltsverzeichnis

Autorenverzeichnis

Dr.-Ing. Joachim Feldmann Institut für Strömungsmechanik und Technische Akustik, Technische Universität Berlin, Berlin, Deutschland

Schallpegelmesstechnik und ihre Anwendung

Joachim Feldmann

Zusammenfassung
Der Beitrag „Schallpegelmesstechnik und ihre Anwendung“ enthält neben den allgemeinen Definitionen der Mess-, Bewertungs- und Beurteilungsgrößen und der Beschreibung der Funktion und des Aufbaus von Schallpegelmessern, eine umfangreiche Darstellung der Verfahren zur Erfassung und Beurteilung von Geräuschemissionen und -immissionen auf der Basis aktueller Regelwerke. Bezüglich der Emission geschieht dies für Geräte, Maschinen, Fahrzeuge und Anlagen, auf der Immissionsseite wird der Arbeitsplatz sowie der Umgang mit Gewerbe-, Industrie-, Bau- und Verkehrslärm betrachtet. Das Kapitel schließt mit einer umfangreichen Literaturzusammenstellung hinsichtlich der entsprechenden Regelwerke.

J. Feldmann (✉)
Institut für Strömungsmechanik und Technische Akustik, Technische Universität Berlin, Berlin, Deutschland
E-Mail: joachim.feldmann@tu-berlin.de

1 Allgemeines, Aufgaben

1.1 Schallimmission

Die Hauptaufgabe der akustischen Messtechnik im Immissionsschutz besteht in der Ermittlung einer repräsentativen Lärmbelastung an einem Einwirkungsort, z. B. einem Arbeitsplatz oder einem Wohnraum. Ziel dabei ist, eine komplizierte Geräuschsituation in möglichst einfachen Kenngrößen abzubilden. Solche Kenngrößen müssen Aussagen über Störwirkung und Zumutbarkeit des Lärms ermöglichen. Folgende Geräuschgruppen sind im Allgemeinen zu erfassen:

- Lärm am Arbeitsplatz
- Gewerbe- und Industrielärm in der Nachbarschaft
- Baustellenlärm in der Nachbarschaft
- Verkehrslärm (Straße, Schiene, Wasser)
- Fluglärm
- Gaststätten- und Freizeitlärm.

Der Vergleich der Mess- und daraus abgeleiteten Beurteilungsgrößen mit den in den Rechtsverordnungen, Verwaltungsvorschriften oder anderen Regelwerken angegebenen Immissionsrichtwerten, erlaubt eine Beurteilung der Geräuschsituation und gibt Aufschluss über notwendige Schallschutzmaßnahmen.

M. Möser (Hrsg.), *Schallpegelmesstechnik und ihre Anwendung,* Fachwissen Technische Akustik,
https://doi.org/10.1007/978-3-662-56675-6_1

1.2 Schallemission

Besonders zu Planungszwecken und Prognoseberechnungen müssen oftmals für die Beurteilung von Immissionssituationen auch Grunddaten von typischen Geräuschquellen in Betrieben und Industrien erfasst werden. Bei solchen Emissionsmessungen wird i. a. der Schallleistungspegel bestimmt. Die akustischen Daten können aber auch zur Ermittlung Geräusch bestimmender Schallquellen und für die Analyse geräuschrelevanter Betriebszustände von Anlagen verwendet werden. Sie dienen weiterhin der Festlegung von Lärmminderungsmaßnahmen direkt an der Quelle, zum Garantienachweis von Herstellerangaben an Maschinen und zur Nachprüfung der Wirksamkeit durchgeführter Maßnahmen.

2 Mess- und Bewertungsgrößen

Die Messtechnik hat die schwierige Aufgabe, objektive Kenngrößen zu ermitteln, die letztendlich das subjektive Lärmempfinden des Menschen näherungsweise charakterisieren sollen. Dieses geschieht anhand von drei physikalischen Parametern:

- Schallstärke
- Frequenzinhalt
- Zeitstruktur.

2.1 Schallstärke

Ausgangsbasis stellt die quadrierte Größe des zeitlichen Verlaufs des Schalldrucks $p^2(t)$ in [N^2/m^4] oder [Pa^2] dar, also eine intensitäts- bzw. leistungsproportionale Größe. Als Maß für die Schallstärke gilt allgemein die Wurzel aus dem quadratischen Mittelwert, der sog. Effektivwert des Schalldrucks:

$$p_{\text{eff}} = \sqrt{\frac{1}{T}\int_0^T p^2(t)\,dt} \quad [\text{Pa}] \tag{1}$$

mit T Beobachtungszeit (theoretisch $T \rightarrow \infty$).

Die logarithmierte Form des effektiven Schalldrucks heißt, wie allgemein bekannt, Schalldruckpegel L_p in der Einheit Dezibel:

$$L_p = 10\,\mathrm{lg}\,\frac{p_{\text{eff}}^2}{p_0^2} = 20\,\mathrm{lg}\,\frac{p_{\text{eff}}}{p_0} \quad [\text{dB}] \tag{2}$$

mit dem international standardisierten Bezugsschalldruck $p_0 = 2 \times 10^{-5}$ N/m^2.

Der Schalldruckpegel darf nicht mit dem sog. Lautstärkepegel verwechselt werden. Es existieren nämlich zwei gebräuchliche Skalen, die das subjektive Lautstärkeempfinden kennzeichnen: die Lautheit, S in [Sone] und der dazugehörende Lautstärkepegel, L_S in [Phon]. Zwischen beiden Größen besteht der folgende Zusammenhang [58]

$$S = 2^{(L_S - 40)/10} \quad [\text{Sone}] \tag{3}$$

Nur für eine Frequenz von 1000 Hz stimmen die Zahlenwerte des Lautstärkepegels mit der objektiven Größe, dem Schalldruckpegel, überein. Es gibt verschiedene Ansätze, den Lautstärkepegel aus Messwerten zu berechnen [44, 52, 57]. Für die praktische Messtechnik haben sich diese Verfahren nicht generell durchsetzen können, sodass weiterhin i. a. mit dem Schalldruckpegel und den in den folgenden Abschnitten angegebenen Bewertungen gearbeitet wird. Allgemein gilt bei mittelstarken Schalldrücken: eine Verdopplung der empfundenen Lautstärke entspricht einer Schalldruckpegelzunahme von etwa 10 dB(A).

2.2 Frequenzbewertung

Es existieren in der Messtechnik Bewertungen, die dem Verhalten des menschlichen Gehörs Rechnung tragen sollen, s. [20], Hinsichtlich der Frequenzabhängigkeit ist die sog. A-Bewertungskurve am meisten verbreitet, Abb. 1. Der auf diese Weise über der Frequenz bewertete effektive Schalldruckpegel heißt dann L_{pA} in dB(A) (Anmerkung: der Index p wird im Folgenden weggelassen). Die Kurve C entspricht einer weitgehend linearen Bewertung etwa zwischen

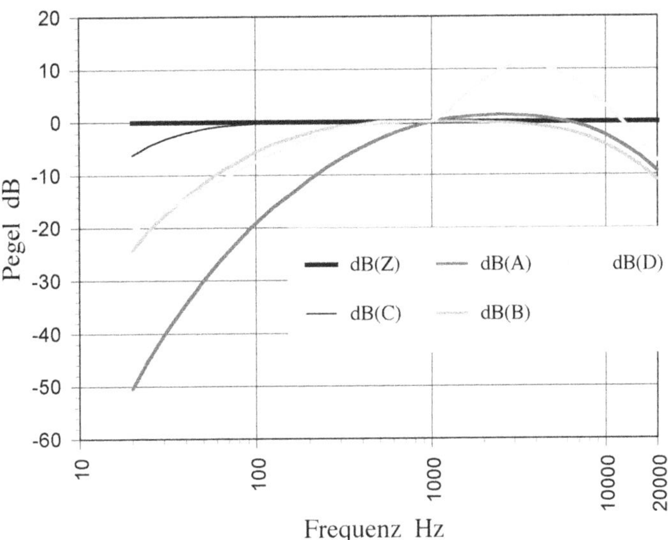

Abb. 1 Frequenz-Bewertungskurven für Schallpegelmessungen

100 Hz und 5000 Hz, während die sog. Z- oder auch „Zero"- Kurve für keine Bewertung steht. Bewertungskurven B und D, wie sie in der Literatur zu finden sind, sind kaum noch gebräuchlich, die Kurve D wurde früher in Verbindung mit Fluglärm verwendet.

Die messtechnische Umsetzung erfolgt in der Form, dass das gemessene Schalldrucksignal über ein elektrisches Filter mit der entsprechenden Bewertungskurve geleitet wird.

2.3 Zeitbewertung

Um den Effektivwert nach Gl. 1 richtig bestimmen zu können, muss die Integrations- bzw. Beobachtungszeit groß gegenüber der größten im Schallsignal vorkommenden Periodendauer sein, theoretisch unendlich. In der Praxis wird deshalb der Effektivwert nur näherungsweise bestimmt, indem ein mit der Messzeit mitlaufender, sog. gleitender quadratischer Mittelwert gebildet wird. Anschaulich bedeutet dieses, dass das quadrierte, zeitlich schwankende Schallsignal mittels eines elektrischen Trägheitsgliedes (RC-Glied) mit einer bestimmten Zeitkonstanten τ geglättet – Zeit bewertet – wird:

$$p_{eff} = \sqrt{\frac{1}{\tau} \int\limits_{t'=0}^{t} p^2(t-t') \cdot e^{-t'/\tau}\, dt'} \quad [\text{Pa}] \qquad (4)$$

mit t' laufende Zeitkoordinate, t momentaner Zeitpunkt.

Je nach Größe der Zeitkonstanten τ bleibt eine Restwelligkeit übrig, mit der der gleitende Mittelwert (Anzeigewert) um den wahren Effektivwert schwankt, Abb. 2. (schematisch), dabei lässt sich der Zusammenhang zwischen der zeitlichen Struktur eines Signals und den zeitlichen (dynamischen) Eigenschaften des Gehörs bei der Lautstärkebildung annähern. Drei Zeitbewertungen sind international normiert:

- S = „Slow" (langsam, träge)
- F = „Fast" (schnell, flink)
- I = „Impulse" (Impuls).

Damit erhält beispielsweise der effektive A-bewertete Schalldruckpegel drei weitere mögliche Kennzeichnungen:

L_{AS}, L_{AF} oder L_{AI} in dB (AS), dB(AF) oder dB(AI).

(Anmerkung: Anstelle (AS), (AF) oder (AI) wird meistens nur (A) geschrieben).

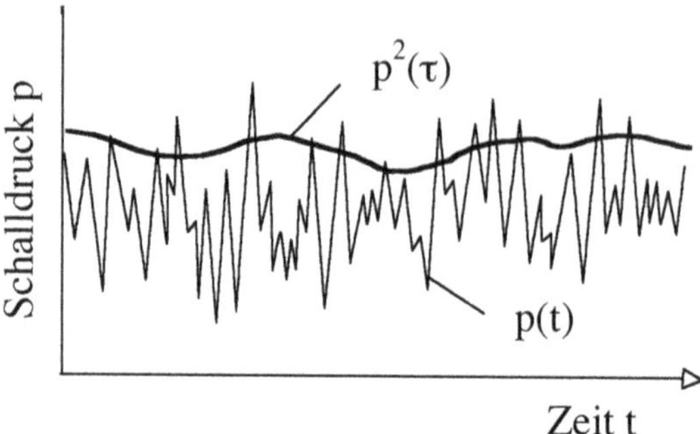

Abb. 2 „Glättende" Wirkung einer Zeitbewertung τ bei der Bildung des gleitenden Effektivwertes (schematisch)

Zeitbewertung „*Slow*", Zeitkonstante $\tau = 1$ s

Diese relativ große Zeitkonstante liefert ein dem wahren Effektivwert angenähertes Messergebnis mit geringer Restwelligkeit, Abb. 3 zeigt die Wirkung der Zeitkonstanten auf einen idealen Pegelsprung. Früher hatte die relativ träge „Slow"- bewertete Schallpegelanzeige den Vorteil, dass sie sicher abzulesen war. Diese Zeitbewertung ist nur für Schallereignisse sinnvoll, die relativ gleichmäßig (stationär) sind und die keine Impulse enthalten. Bei solchen Signalen ist auch subjektiv der Effektivwert für den Lautstärkeeindruck Maß gebend.

Zeitbewertung „*Fast*", Zeitkonstante $\tau = 0{,}125$ s

Bei dieser Zeitkonstanten ist die Bewertung weniger träge, der angezeigte Mittelwert kann stärker um den wahren Effektivwert schwanken, die „Anzeige" ist dementsprechend ungenau, Abb. 3. Die Zeitbewertung „Fast" ermöglicht aber die richtige Anzeige und die bessere Erkennung schnell aufeinander folgender Schallereignisse, sie ist für das sog. Taktmaximalverfahren der TA Lärm [53] vorgeschrieben.

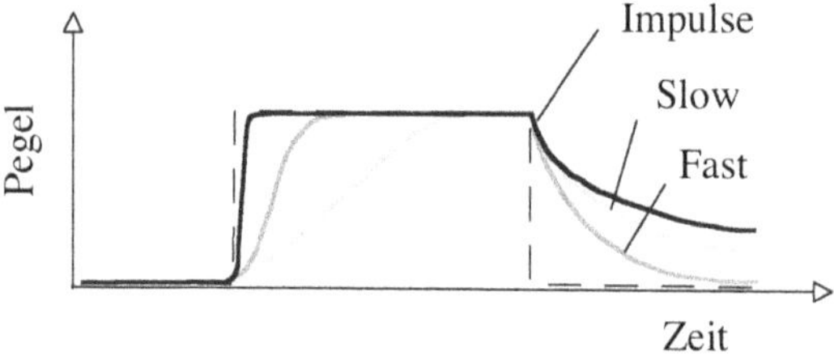

Abb. 3 Effekt der Zeitbewertungskonstanten auf einen Pegelsprung (schematisch)

Zeitbewertung „*Impulse*"

Hier werden zwei verschiedene Zeitkonstanten angewendet: schnelles Einschwingen mit 0,035 s und langsames Abklingen mit 1,5 s, Abb. 3. Plötzlich auftretende Schallereignisse (z. B. Knalle) werden durch die Trägheit des Gehörs mit einer zeitlichen Verzögerung von etwa 0,025 … 0,075 s wahrgenommen. Die Anstiegszeitkonstante von 0,035 s soll dieser subjektiven Lautstärkebildung von impulshaltigen Geräuschen entsprechen. Die lange Zeitkonstante des Abklingens berücksichtigt die Störwirkung kurzer Schallereignisse, früher galt auch das Argument eines „besseren Ablesens" von solchen Messwerten an einem Anzeigeinstrument.

Geräte, die Schallimpulse richtig messen, heißen Impulsschallpegelmesser. Anmerkung: Mit der Zeitbewertung „Fast" lassen sich Impulse nur näherungsweise richtig messen. Die Unterschiede können bis zu 5 dB, in Ausnahmefällen bis zu 8 dB betragen. Aus diesem Grund erhält in Zusammenhang mit der Beurteilung, die Messgröße L_{AF} bei impulshaltigen Geräuschen einen sog. Impulszuschlag, wenn L_{AI} aus technischen Gründen nicht erfasst werden kann.

Schallpegelmesser bieten meist als weitere Messgröße auch die Anzeige des momentanen, absoluten Spitzenpegels an (Zeitbewertung „Spitze" oder „Peak"), dabei wird eine nicht genormte, sehr schnelle Zeitbewertung von 50×10^{-6} s angewendet. Diese Anzeigeart ist im Allgemeinen mit einer Messwertspeicherschaltung zum „Ablesen" verbunden.

2.4 Maximalpegel

Darüber hinaus können Schallpegelmesser i. a. immer auch den Maximalpegel des gleitenden Effektivwertes während einer Messung erfassen

$$L_{\max} \text{ oder } L_{A\,\max}.$$

Diese Maximalwertanzeige ist meistens für alle Zeitbewertungen („Slow", „Fast", „Impulse") wählbar. Die Anzeige lässt sich entweder manuell oder automatisch zurücksetzen. In dieser Messstellung lässt sich z. B. der maximale

Vorbeifahrpegel als zeitbewerteter A-Schalldruckpegel ermitteln, der durch ein Kraftfahrzeug, einen Eisenbahnzug oder ein Flugzeug verursacht wird.

2.5 Taktmaximalpegel

Der Taktmaximalpegel kann als Näherung für den Impulsschallpegel betrachtet werden, seine Benutzung ist in der TA Lärm [53] vorgeschrieben. Bei diesem Verfahren wird der Zeitverlauf des Schalldrucksignals laufend in gleichlange Zeitintervalle (Takte) zerlegt und zwar 5 s bei Nachbarschaftslärm und 3 s bei Arbeitsplatzlärm. Der in jedem Intervall auftretende Maximalwert des Schalldruckpegels in der Frequenzbewertung „A" und der Zeitbewertung „Fast" wird registriert. Die entsprechende Größe heißt dann L_{AFT} in dB(A(FT)). Dieses Verfahren wird hauptsächlich in Deutschland angewendet.

2.6 Mittelungspegel, Wirkpegel

DIN 45641 [6]: „Mittelungspegel und Beurteilungspegel zeitlich schwankender Schallvorgänge". ISO 1996 Beschreibung, Messung und Beurteilung von Umgebungslärm Teile 1–2 [42]. Taktmaximalverfahren TA Lärm [53].

Die in der Praxis auftretenden Geräusche sind über einen längeren Zeitraum betrachtet nie so gleichmäßig und gleich geartet, dass ihre Charakterisierung durch den Frequenz- und Zeit bewerteten Schalldruckpegel alleine ausreichen würde. In Montagehallen, im Straßenverkehr oder beim Nachbarschaftslärm können größere Schwankungen des gleitenden Effektivwertes mit Pegelunterschieden von 30 dB und mehr auftreten, sodass keine eindeutigen Einzelwerte mehr anzugeben sind.

Abb. 4 zeigt als Beispiel den zeitlichen Schalldruckpegelverlauf an einer Straße. Um auch solche zeitlich und in ihrem Charakter schwankenden Schallvorgänge mit einem repräsentativen Einzahlwert beschreiben zu können, wird nach DIN 45641 [6] vom gleitenden Mittelwert eine Art Langzeit-Effektivwert gebildet, der sog. Mittelungspegel L_m

$$L_m = 10\lg\left\{\frac{1}{T}\int_0^T 10^{L(t)/10}\,dt\right\} \quad [\text{dB}] \quad (5)$$

mit $L(t)$ Zeit – und Frequenz bewerteter Schalldruckpegel als Funktion der Zeit, T repräsentativer Mittelungszeitraum.

Bei der praktischen Berechnung des Mittelungspegels über einen längeren Zeitraum liegen oftmals einzelne konkrete Pegelwerte vor, sodass die Integration durch eine Summation ersetzt werden kann:

$$L_m = 10\lg\left\{\frac{1}{T}\sum_{i=1}^{n} t_i \cdot 10^{L_i/10}\right\} \quad [\text{dB}] \quad (6)$$

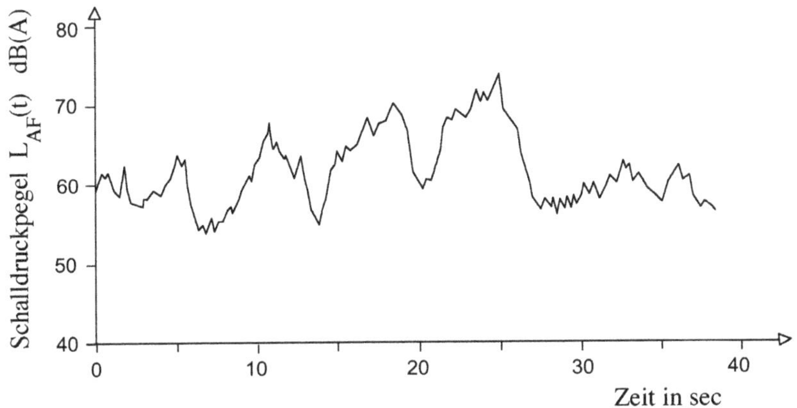

Abb. 4 Schallpegelzeitverlauf an einer befahrenen Strasse

mit L_i Zeit – und Frequenz bewerteter Schalldruckpegel im Zeitintervall t_i, n Anzahl der Zeitintervalle, $T = \sum_{i=0}^{n} t_i$ gesamter Mittelungszeitraum.

Gl. 6 ist besonders dann geeignet, wenn der Mittelungspegel über verschiedene, relativ lange Zeitabschnitte mit jeweils annähernd konstantem Schalldruckpegel berechnet werden soll.

Als Messgrößen für den Schalldruckpegel ergeben sich nun weiterhin folgende mögliche Größen, wobei generell, mit Ausnahme beim Taktmaximalverfahren, auch eine Mittelung von Pegelzeitverläufen mit einer anderen als der A-Bewertung oder gänzlich ohne Frequenzbewertung möglich ist:

$$L_{Sm}, L_{Fm}, L_{Im}$$

bzw. speziell im Immissionsschutz

$$L_{ASm}, L_{AFm}, L_{AIm}, L_{AFTm}.$$

Beim Pegel L_{AFTm} handelt es sich um den Mittelungspegel nach dem Taktmaximalverfahren, er heißt zur Unterscheidung Wirkpegel [53].

In den einzelnen Mess- und Beurteilungsvorschriften ist meistens vorgeschrieben, welche der angegebenen Mittelungsgrößen verwendet werden sollen. Grundsätzlich sollte man aber die folgenden Zusammenhänge kennen. Für den Mittelungspegel gilt:

$$L_{Sm} = L_{Fm} = L_{eq} \text{ oder } L_{ASm} = L_{AFm} = L_{Aeq}.$$

Mittelt man den Zeit- bewerteten Schalldruckpegel über einen ausreichend langen Zeitraum, gleichen sich die Schwankungen der Größen um den Effektivwert aus, man erhält annähernd den wahren Effektivwert. Diese Größe wird auch als energieäquivalenter Dauerschallpegel L_{eq} bzw. L_{Aeq} bezeichnet und zwar deshalb, weil sie angibt, um wie viel ein schwankendes Geräusch in seiner Störwirkung einem gleich bleibenden Geräusch äquivalent ist, dessen Pegel gleich dem Mittelungspegel des zeitlich schwankenden Geräusches ist. Der L_{eq} bzw. L_{Aeq} hat den Vorteil, dass er sich für verschiedene Schallereignisse wiederum energetisch mitteln lässt:

$$\overline{L_{eq}} = 10 \lg \left\{ \frac{1}{n} \sum_{i=1}^{n} 10^{L_{eq,i}/10} \right\} \quad [\text{dB}] \quad (7)$$

mit $L_{eq,i}$ einzelne Mittelungspegel, n Anzahl der Einzelpegel.

Für Gl. 5, 6 bzw. Gl. 7 gilt weiterhin, dass eine halbierte Einwirkdauer oder ein 3 dB höherer Schalldruckpegel den gleichen Mittelungspegel verursachen oder – zehn Lärmereignisse von einer Minute Dauer den gleichen Mittelungspegel zur Folge haben, wie das Einwirken mit gleichem Pegel von zehn Minuten Dauer, sog. Energieäquivalenz. Diese Abhängigkeiten können aber auch anders festgelegt sein. Sie sind über den sog. Halbierungsparameter q bestimmt (Genaueres s. [6]).

Außerdem gilt für gleichmäßige Geräusche ohne plötzliche Änderungen, deren Pegelschwankungen kleiner als 5 dB/s sind:

$$L_{Sm} = L_{Fm} = L_{Im} \text{ oder } L_{ASm} = L_{AFm} = L_{AIm}$$

Für kurzzeitige Geräusche und Geräusche mit Impulsen gilt aber:

$$L_{Sm} = L_{Fm} \neq L_{Im} \text{ oder } L_{ASm} = L_{AFm} \neq L_{AIm}.$$

Die Impulsbewertung führt auf einen umso höheren Mittelungspegel, je impulshaltiger das Geräusch ist. Man nennt dieses vom Effektivwert abweichende Ergebnis auch überenergetische Mittelung. Sie entspricht aber eher der subjektiven Lautstärkewahrnehmung von impulshaltigen Geräuschen, die zwischen dem Effektivwert und dem Spitzenwert liegt („Quasispitzenwert“). L_{Im} bzw. L_{AIm} ist somit auch ein Maß für die Impulshaltigkeit von Geräuschen. Werden solche Geräusche nur über die Größe L_{Fm} bzw. L_{AFm} ermittelt, muss ein sog. Impulszuschlag vorgesehen werden, der den Unterschied praktisch ausgleicht und der je nach Regelwerk bis zu 6 dB betragen kann.

Das was für L_{AIm} gilt, gilt sinngemäß auch für den mittleren Taktmaximalpegel L_{AFTm}, der ebenfalls der subjektiven Impulswahrnehmung Rechnung trägt. Näherungsweise gilt deshalb:

$$L_{AIm} \cong L_{AFTm}.$$

Kurzzeitige Impulsspitzen unter 0,2 s Dauer werden durch die Zeitbewertung „Fast“ beim Taktmaximalverfahren allerdings unterbewertet. Eine Messung mit einer Taktdauer von 3 s stimmt i. a. besser mit L_{AIm} überein, als die Ermittlung mit einer Taktdauer von 5 s. Abb. 5 zeigt abschließend eine schematische Darstellung der Wirkung verschiedener Mittelungsverfahren anhand eines schwankenden Geräuschsignals.

Das Konzept des Mittelungspegels ist nicht unumstritten. Abb. 6 zeigt, dass die unterschiedlichsten Schallsignale mit vollkommen verschiedenen subjektiven Belästigungswirkungen den gleichen Mittelungspegel aufweisen können. Insbesondere die Eigenschaft, dass besonders störende herausragende kurze Einzelereignisse nur unvollkommen durch den Mittelungspegel abgebildet werden, hat dazu geführt, dass in einigen Regelwerken mehr Gewicht auf den Maximalpegel gelegt wird. So gibt beispielsweise die TA Lärm vor, dass der Immissionsrichtwert in der Nacht nur kurzzeitig um nicht mehr als 20 dB(A) überschritten werden darf, bei Geräuschquellen innerhalb von Gebäuden liegt diese Grenze bei 10 dB(A).

Zu der Problematik im Folgenden ein Rechenbeispiel. Ein Schallereignis besteht aus vier kurzen Pegelspitzen von 100 dB und jeweils 15 s Dauer, also insgesamt 1 min. Bezogen auf einen Beurteilungszeitraum von 8 h ergibt sich mit der Einwirkdauer ein Mittelungspegel, der wegen

$$\Delta L = 10\lg\frac{1}{480} \cong -27\,\text{dB}$$

um 27 dB kleiner ist als der Einzelpegel, also 73 dB beträgt. Liegen weitere Geräusche in den Zwischenzeiten zwischen den Einzelereignissen vor, so tragen diese zum Mittelungspegel nur unwesentlich (weniger als 1 dB) bei, solange sie mindestens 6 dB unter dem Mittelungspegel bleiben, hier also 67 dB. Es ist also für den Mittelungspegel – und hier offenbart sich eine weitere Schwäche – vollkommen egal, ob ein störender Schalldruckpegel in den Zwischenzeiten 40, 50, 60 oder sogar 67 dB beträgt. Aus diesem Grund gab es in den zurückliegenden Jahren mehr oder weniger erfolgreiche Bestrebungen, auch die Ruhe in den Zwischenzeiten zu berücksichtigen. Der Ruhezeitenzuschlag der TA Lärm mag ein erster Schritt in diese Richtung sein.

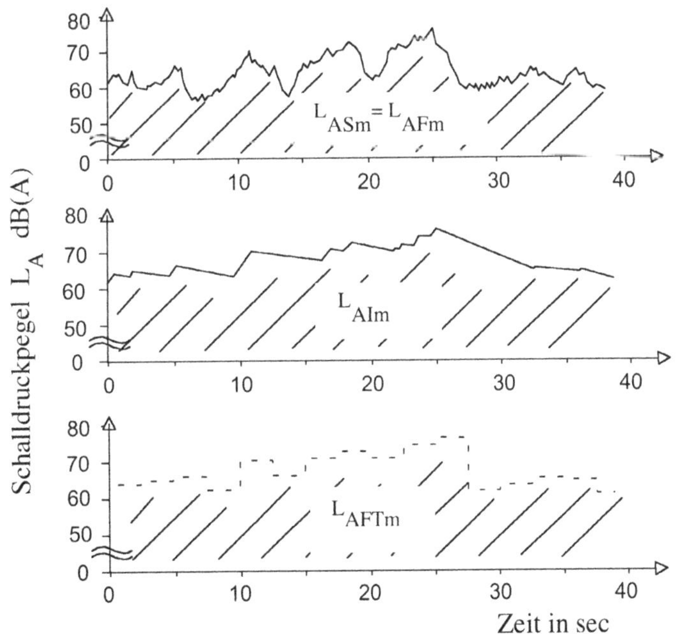

Abb. 5 Schematische Darstellung verschiedener Pegelmittelungen (schraffierte Flächen unter den Kurven entsprechen dem jeweiligen Mittelungspegel)

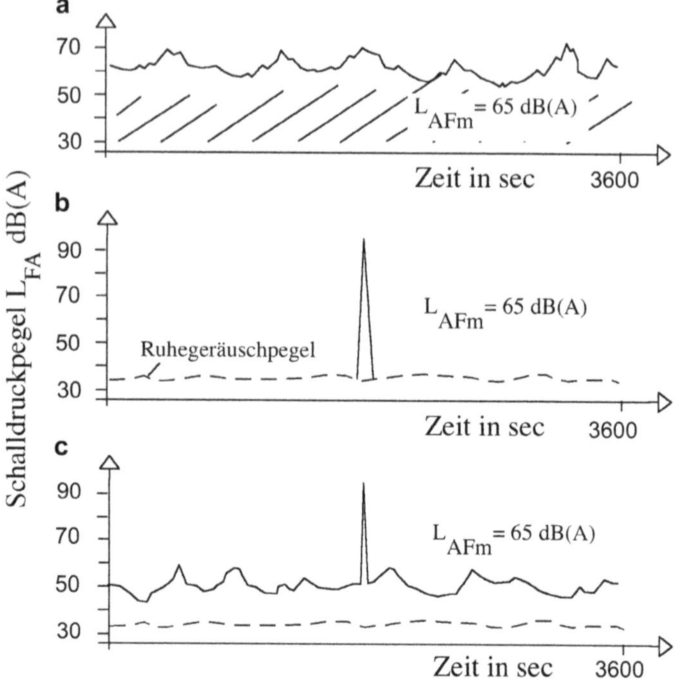

Abb. 6 Pegelverlauf dreier Lärmsituationen mit gleichem Mittelungspegel: **a** 2000 PKW/Std. bei 50 km/h; **b** ein D-Zug/Std. mit 160 km/h; **c** ein D-Zug/Std. mit 160 km/h + 200 PKW/Std. bei 50 km/h (nach [41])

2.7 Stichprobenverfahren zur Ermittlung des Mittelungspegels

Als weitere Art zur Gewinnung eines Mittelungspegels kennt man das dem Taktmaximalverfahren ähnelnde Stichprobenverfahren, das besonders bei automatischen Auswertungen – im einfachsten Fall ein Pegelhäufigkeitszähler (Klassiergerät) – eingesetzt wird und als Zusatzinformation die statistische Häufigkeitsverteilung bestimmter Pegelwerte (Schwankungsbreite) liefert [6, 10, 11, 55].

Bei diesem Verfahren wird der bewertete Schalldruckpegel eines Schallereignisses in regelmäßigen Zeitabständen abgefragt und der jeweilige Messwert in 1, 2,5 oder 5 dB breite Pegelklassen eingeordnet. Die Anzahl der Messwerte in jeder Pegelklasse wird aufsummiert. Der Mittelungspegel lässt sich dann folgendermaßen berechnen:

$$L_m = 10 \lg \left\{ \frac{1}{N} \sum_{i=1}^{n} N_i \cdot 10^{L_i/10} \right\} \quad [\text{dB}] \qquad (8)$$

mit L_i Messwerte in der i-ten Pegelklasse, N_i Anzahl der Pegelwerte in der i-ten Klasse, n Anzahl der ausgewerteten Klassen, $N = \sum_{i=1}^{n} N_i$ Gesamtzahl der Zählungen.

Der Theorie zufolge ist für die Bildung dieser Art von Mittelungspegeln eine genügend große Anzahl (mehr als 100) von unabhängigen Proben von Messwerten erforderlich. Angaben über Fehler findet man im Anhang der DIN 45641 [6]. Die Zeitabstände für die Stichprobenentnahme (Abfragehäufigkeit) sind von der Art der gewünschten Mittelungspegel abhängig. Sie betragen:

- 0,1 … 0,2 s für Messwerte, die A- und „Fast"-bewertet sind
- 1 s für Messwerte, die „Impulse" und A-bewertet sind und, wie bereits erwähnt
- 3 … 5 s für das Taktmaximalverfahren.

Das statistische Verfahren liefert dann aus der Summenhäufigkeit auch die sog. Überschreitungspegel, das sind gemittelte Anteile, die während eines bestimmten Prozentsatzes der Mittelungsdauer erreicht oder überschritten werden. Im Allgemeinen interessieren diejenigen Pegel, die in 95 % der Gesamtzeit (Maß für das Grundgeräusch) oder aber in 1 % der Gesamtzeit (Maß für Geräuschspitzen) auftreten, auch Perzentile genannt. Die entsprechenden Pegel erhalten dieses Merkmal als Index, also beispielsweise L_{95} oder L_1.

2.8 Schalldosis, Schallexpositionspegel

Die Schall- oder auch Lärmdosis *AE* in [Pa²h] ist ein Maß für das im Beobachtungszeitraum *T* einwirkende Lärmquantum und folgendermaßen definiert:

$$AE = \int_0^T p_{AF}(t)^2\,dt \quad \left[\mathrm{Pa^2h}\right] \tag{9}$$

mit $p_{AF}(t)^2$ A- und Fast-bewertetes Schalldruckquadrat [20].

Gl. 9 besagt, dass das bewertete, der Schalleistung proportionale Schalldruckquadrat über eine längere Zeit aufintegriert (aufsummiert) wird. Die Schalldosis ist demnach eine energieproportionale Größe. Sie ist umso größer, je höher der Schalldruckpegel und je länger die Einwirkdauer *T* ist.

Die Lärmdosis wird z. B. für einen Arbeitsplatz oder für einen Arbeiter, der sich an verschiedenen Arbeitsplätzen aufhält, über eine ganze Arbeitsschicht von 8 h ermittelt. Bezieht man den ermittelten Wert auf die maximal zulässige tägliche Lärmbelastung, kann man die Lärmdosis in Prozent angeben.

Umrechnungen in den L_{Aeq} sind möglich. Eine Lärmdosis von 1 Pa²h entspricht bei einer achtstündigen Einwirkdauer einem L_{Aeq} von 85 dB(A).

Beim Schallexpositionspegel L_{AE} (auch Sound Exposure Level (SEL)), wird die gesamte Schallenergie eines Lärmereignisses auf einen Zeitraum von 1 s bezogen und als Pegel angegeben. Die auf diese Weise ermittelte Größe entspricht ebenfalls einer Lärmdosis und wird zur Beurteilung einzelner relativ kurzer Schallereignisse, wie Überflüge, Lkw-Vorbeifahrten oder Gesenkschmiedevorgänge angewendet. Theoretisch gilt folgende Definition:

$$L_{AE} = 10\lg\left\{\frac{1}{T_0}\int_{-\infty}^{\infty}\left(\frac{p_A(t)}{p_0}\right)^2 dt\right\} \quad [\mathrm{dB(A)}] \tag{10}$$

mit T_0 Bezugsintegrationszeit 1 s, p_A nur A-Bewertung, keine Zeitbewertung.

Praktisch wird aber eine andere Gleichung angewendet, nämlich:

$$L_{AE} = 10\lg\left\{\frac{1}{T_0}\int_0^T 10^{L_{Aeq}/10}dt\right\} \quad [\mathrm{dB(A)}] \tag{11}$$

mit T_0 Bezugsintegrationszeit 1 s, L_{Aeq} Mittelungspegel des A-bewerteten Schalldrucks (i. a. L_{AFm}), *T* Dauer des Ereignisses, über das der L_{Aeq} gebildet wurde.

Die Umrechnung zwischen L_{AE} und dem L_{Aeq} geschieht demnach in der folgenden einfachen Weise:

$$L_{AE,T_0} = L_{Aeq,T} + 10\lg\frac{T}{T_0} \quad [\mathrm{dB(A)}]. \tag{12}$$

Auf diese Art wird auch der sog. Ereignispegel bei Eisenbahnlärm gebildet, wobei dann die Bezugszeit T_0 eine Stunde beträgt.

2.9 Messdauer

Unter Messdauer (Messzeit) versteht man die zeitliche Dauer einer ununterbrochenen Messung. Das Messergebnis muss als repräsentativ für das Schallereignis gelten, auch wenn dieses über die Messdauer hinaus mit annähernd gleichem Pegelverlauf anhält. Der Mittelungspegel muss für die entsprechende Einwirkdauer kennzeichnend sein.

Die Messdauer kann bei relativ konstanten oder periodisch wiederkehrenden Geräuschen relativ kurz sein; bei unregelmäßig schwankenden Geräuschen muss sie entsprechend lang sein, u. U. sogar so lang wie die gesamte

Einwirkdauer. Angaben über die Messdauer findet man meistens in den Vorschriften und Richtlinien, z. B. in der DIN 41641 [6], VDI 2058 [54] oder in der TA Lärm [53].

2.10 Zeitliche Messdurchführung

Der Zeitpunkt der Durchführung von Messungen kann von großem Einfluss auf das Ergebnis sein, das gilt besonders für Immissionsmessungen. Er muss so gewählt sein, dass die kennzeichnende Geräuschwirkung erfasst wird. Folgende Einflüsse sind u. U. zu berücksichtigen:

- Art des Geräusches und zeitlicher Ablauf
- Stärke und Auftreten von Fremdgeräuschen; die Messung sollte nicht durchgeführt werden, wenn der Pegelunterschied zwischen dem zu beurteilenden Geräusch und dem Fremd- oder auch Störgeräusch kleiner als 3 dB ist. Bei Unterschieden bis etwa 10 dB ist eine Pegelkorrektur vorzunehmen.
- Wetterlage und Windeinfluss; im Freien sollte nicht gemessen werden bei Regen, Schneefall, starkem Nebel und Windstärken über etwa 5 m/s. Auch hierzu gibt es Angaben in Vorschriften. Angabe in der TA Lärm z. B.: Messung bei „vorherrschender Wetterlage".

2.11 Messprotokoll

Ein sehr wichtiger Teil jeder Messung ist die sorgfältige Aufzeichnung der Messbedingungen und der Resultate. Ein guter Messbericht sollte wenigstens folgende Informationen enthalten:

- Eine Darstellung der Messsituation, die die wesentlichen Ortsverhältnisse und Abmessungen zeigt (z. B. Lage des Immissions- und Emissionsortes, Größe des Raumes oder Maschinenabmessungen), Aufstellungsorte der Mikrofone und des Gegenstandes, der untersucht werden soll
- Normen, gemäß denen die Messungen durchgeführt werden
- Typ und Seriennummern bei Maschinenmessungen
- Kalibriermethode
- Verwendete Frequenz und Zeitbewertung (Messgrößen)
- Art des Geräusches (impulsiv, andauernd, tonhaltig usw.)
- Hintergrundgeräuschpegel
- Umgebungsbedingungen (Art des Schallfeldes, Angaben zu Wind und Wetter)
- Daten bezüglich des zu messenden Gegenstandes
- Datum und Ort der Messung

In einigen Regelwerken sind Protokoll-Vordrucke für Messungen oder Prognoserechnungen vorgegeben.

2.12 Beurteilungsgrößen

DIN 45645 Teil 1 und Teil 2 [9]: „Einheitliche Ermittlung des Beurteilungspegels für Geräuschimmissionen".

Wie allgemein bekannt ist, sind die Wirkungen von Geräuschen auf den Menschen, wie z. B. Hörschäden, Kommunikationsstörungen, Leistungsstörungen, Störungen der Erholung und der Freizeit oder Schlafstörungen, nicht nur von der Höhe des Schalldruckpegels, sondern auch vom Charakter des Geräusches und von der Einwirkdauer abhängig.

Wie zahlreiche Untersuchungen gezeigt haben, eignet sich der Mittelungspegel recht gut zur quantitativen Erfassung und Charakterisierung zeitlich schwankender Geräusche, wobei im Immissionsschutz als Basis für die Beurteilung von Lärmwirkungen speziell der Mittelungspegel $L_{ASm}=L_{AFm}=L_{Aeq}$ Anwendung findet. Er wird unter Verwendung von Zuschlägen („Strafpunkten") für Ton- und/oder Impulshaltigkeit und für die Dauer der tatsächlichen Einwirkung zum sog. Beurteilungspegel L_r in dB(A) umgerechnet. Der Beurteilungspegel stellt somit ein Maß für die durchschnittliche Geräuschimmission während einer bestimmten Beurteilungszeit T_r dar. Die Ermittlungsvorschrift lautet folgendermaßen

$$L_r = L_{Aeq,T} + 10\lg\frac{T}{T_r} + K_I + K_T + K_R + K_S \quad (13)$$

mit K_I Impulszuschlag in dB, K_T Tonhaltigkeitszuschlag in dB, K_R Ruhezeitenzuschlag in dB, K_S Zuschlag für bestimmte Geräusche und Situationen, T Zeitraum, für den der Mittelungspegel gilt (i. a. Einwirkdauer des Geräusches), T_r Beurteilungszeitraum.

Die Zuschläge liegen je nach Auffälligkeit zwischen 3 und 6 dB. Sie werden jeweils in den Richtlinien vorgeschrieben, so gelten die Zuschläge K_T, K_R und K_S beispielsweise nicht zur Beurteilung von Arbeitsplatzlärm (vgl. [9]).

Der *Tonzuschlag* berücksichtigt den Umstand, dass, wenn sich Einzeltöne deutlich hörbar aus dem Geräusch hervorheben, mit einer erhöhten Belästigung zu rechnen ist. Speziell bei der Beurteilung der Gehörschädlichkeit wird allerdings kein Tonzuschlag angewendet. Der Tonzuschlag kann mithilfe der DIN 45681 [13] ermittelt werden.

Der *Impulszuschlag* ist praktisch die Differenz aus

$$K_I = L_{AIeq,T} - L_{Aeq,T} \quad [\text{dB}] \quad (14)$$

mit $L_{AIeq,T}$=A- und „Impulse"-bewerteter Mittelungspegel über den Zeitraum T. Eine vorliegende Messung von L_{AIeq} schließt demnach den Impulszuschlag mit ein, sodass sich Gl. 13 entsprechend Gl. 14 vereinfacht. Im Prinzip bieten alle modernen Schallpegelmesser die Möglichkeit, L_{AIm} bzw. L_{AIeq} zu messen. In der TA Lärm [53] wird dieser Pegel durch den Wirkpegel nach dem Taktmaximalverfahren ersetzt.

Wenn während der Beurteilungszeit Geräusche mit verschiedenem Charakter, also auch mit verschiedenen Mittelungspegeln bzw. Zuschlägen auftreten, lautet das allgemeine Bildungsgesetz für den Beurteilungspegel

$$L_r = 10\lg\left\{\frac{1}{T_r}\sum_{i=1}^{n} T_i \cdot 10^{L_{Aeq,i}+K_{I,i}+K_{T,i}+K_{R,i}+K_{S,i}/10}\right\} \quad [\text{dB(A)}] \quad (15)$$

mit $L_{Aeq,i}$ Mittelungspegel im Teilzeitraum T_i, $K_{I,i}$, $K_{T,i}$, $K_{R,i}$, $K_{S,i}$ entsprechende Zuschläge im Zeitintervall T_i, n Anzahl der Teilzeiträume, $T_r = \sum_{i=1}^{n} T_i$ i. a. gesamte Beurteilungszeit.

Unter Berücksichtigung unterschiedlicher Lärmschutzbedürfnisse sind in den verbindlichen Richtlinien und Vorschriften (vgl. auch [9]) folgende Beurteilungszeiten T_r angegeben.

Geräuschimmissionen am Arbeitsplatz

T_r = 8 Std. für eine Arbeitsschicht (ist die Schicht länger als 8 Std., kann die Einwirkdauer T bzw. $T = \sum_{i=1}^{n} T_i$ größer als T_r werden).

Alle anderen Geräuschimmissionen		
Werktags:		
Tageszeit 6–22 Uhr:	$T_{r,\,\text{Tag}} = 16$ Std	
davon 7–19 Uhr:	$T_{r1} = 12$ Std.	$K_R = 0$ dB
bzw. 6 bis 7 Uhr (Morgen) und 19–22 Uhr (Abend):	$T_{r2} = 4$ Std.	$K_R = 6$ dB
Nachtzeit 22–6 Uhr:	$T_{r3} = 8$ Std.	$K_R = 0$ dB
bzw. die lauteste Nachtstunde zwischen 22 und 6 Uhr:	$T_{r4} = 1$ Std.	$K_R = 0$ dB
Sonn- und Feiertags:		
Tageszeit 7–22 Uhr:	$T_{r1} = 15$ Std.	$K_R = 6$ dB
Nachtzeit 22–7 Uhr:	$T_{r3} = 9$ Std.	$K_R = 0$ dB
bzw. die lauteste Nachtstunde zwischen 22 und 7 Uhr:	$T_{r4} = 1$ Std.	$K_R - 0$ dB.

Als Maß gebender Beurteilungspegel für einen ganzen Werktag gilt dann:

$$L_{r,\text{Werktags},6-22\,\text{Uhr}} = 10\lg\left\{\frac{1}{16}\left(12 \cdot 10^{L_{r1}/10} + 4 \cdot 10^{(L_{r2}+6)/10}\right)\right\} \quad [\text{dB(A)}] \quad (16)$$

Diese Regelung bedeutet, dass bei Geräuschimmissionen in den Zeiten von 6 bis 7 Uhr und 19 bis 22 Uhr das erhöhte Schutzbedürfnis durch den sog. *Ruhezeitenzuschlag* von 6 dB berücksichtigt wird, das gleiche gilt auch für Sonn- und Feiertage für den gesamten Tag. Bei dieser Art von Zuschlägen müssen immer die relevanten Regelwerke beachtet werden. Wenn L_{r2} mindestens 3 dB kleiner als L_{r1} ist, kann $L_{r,\text{ Tag}} \cong L_{r1}$ gesetzt werden (die Zahl im Index bezieht sich auf die Beurteilungszeit).

Als Maß gebender Beurteilungspegel für die Nacht gilt allgemein:

$$L_{r,\text{ Nacht}} = L_{r3},$$

außer, wenn L_{r4} um 4 dB oder mehr größer ist als L_{r3}. In solchen Fällen ist

$$L_{r,\text{ Nacht}} = L_{r4}.$$

Manchmal werden $L_{r,\text{ Tag}}$ und $L_{r,\text{ Nacht}}$ zu einem 24-Std.-Beurteilungspegel zusammengefasst, beispielsweise für den Werktag:

$$L_{r,24\text{h}} = 10 \lg \left\{ \frac{1}{24} \left(12 \cdot 10^{L_{r1}/10} + 4 \cdot 10^{(L_{r2}+6)/10} + 8 \cdot 10^{L_{r3}/10} \right) \right\} \quad [\text{dB(A)}] \tag{17}$$

2.13 Spezielle Beurteilungsgrößen

Spezielle Beurteilungsgrößen werden z. B. für den Straßenverkehrslärm (s. DIN 18005 [3], RLS-90 [47], Bundesfernstraßengesetz, Verkehrslärm-Schutzverordnung [56]), für Eisenbahnlärm (Schall 03 [48]) oder für den Fluglärm (Fluglärmgesetz, DIN 45643 [8]) verwendet. International sind darüber hinaus noch weitere Größen geläufig:

Noise-Rating (NR) Kurven: Ursprünglich verwendete Geräusch-Beurteilungskurven nach alter ISO 1996. NR-Kurven sind eine Schar nicht paralleler Grenzkurven, mit denen das Oktavspektrum des gemessenen A- bewerteten Schalldrackpegels verglichen wird. Diese Kurven legen mehr Gewicht auf die höheren Frequenzen, um die größere Störwirkung in diesem Bereich besser zu berücksichtigen. Die kennzeichnende N-Zahl ergibt sich aus dem höchsten gemessenen Oktavwert innerhalb der Kurvenschar.

Day-Night-Level (LDN): Der LDN ist ein äquivalenter Dauerschallpegel, bei dem die Lärmanteile während der Nachtzeiten um 10 dB schärfer bewertet werden.

Noise-Pollution-Level (LNP): Der äquivalente Dauerschallpegel wird durch einen Term erweitert, der die statistische Standardabweichung σ des Momentanpegels berücksichtigt

$$L_{NP} = L_{eq} + 2{,}56 \cdot \sigma \quad [\text{dB}] \tag{18}$$

Bei einer Gauß'schen Pegelverteilung lässt sich für den Schwankungsanteil auch die Differenz der Perzentile $L_{10} - L_{90}$ verwenden. Der Zweck dieser Operation besteht darin, die größere Lästigkeit statistisch stark schwankender Geräusche zu berücksichtigen. Andere statistische Verfahren sind unter den Bezeichnungen *Noise and Number Index (NNI)* und *Traffic Noise Index (TNI)* bekannt [44], [49].

3 Messgeräte

Die Schallpegelmessung erfolgt insbesondere beim Immissionsschutz mit Schallpegelmessern. Die Anforderungen sind in international einheitlichen Normen festgelegt (DIN EN 61672 (Teile 1–3) [20], DIN EN 61183 [18], DIN 45657 [10]), dabei gibt es vier Klassen in der Anzeigegenauigkeit der Messwerte.

3.1 Schallpegelmesser

Schallpegelmesser der Klasse 0 sind reine Laborgeräte und werden als Bezugsnormale verwendet. Für den praktischen Betrieb unterscheidet man drei Klassen:

3.2 Schallpegelmesser Klasse 1, Messgenauigkeit $\pm$ 0,5 dB

Mit solchen sog. Präzisionsschallpegelmessern können exakte Bestimmungen von Immissionen sowie Emissionen durchgeführt werden. Dabei kann man i. a. folgende technische Mindestausstattung erwarten:

- Frequenzbewertung: A, C sowie Z (linear 5 Hz ... 20 kHz)
- Zeitbewertung: F, S, I, Spitze
- Anzeige: Effektiv, Spitze, Maximalwert, Messwerthalteschaltungen.

Die Geräte haben außerdem Ausgänge, über die sich die Messsignale abnehmen und weiterverarbeiten lassen. Darüber hinaus bieten sie die Möglichkeit zur simultanen Frequenzanalyse, meistens in Oktav- oder Terzbändern.

3.3 Schallpegelmesser Klasse 2, Messgenauigkeit ± 1 dB

Diese Geräte eignen sich für die überwachungen von Betriebszuständen technischer Anlagen sowie für die überschlägige Bestimmung von Emissionsdaten. Sie besitzen oft nur eine A-Frequenzbewertung und eine „Fast"- bzw. „Slow"-Zeitbewertung, eignen sich also nicht immer für die Messung impulshaltiger Geräusche.

3.4 Schallpegelmesser Klasse 3, Messgenauigkeit ± 1,5 dB

Schallpegelmesser dieser Klasse eignen sich lediglich für sog. Orientierungsmessungen, sie sind in keinem Fall eichfähig.

3.5 Integrierende Messgeräte (Klasse 1 und 2)

Integrierende Schallpegelmesser oder Lärmdosimeter (für den Arbeitsschutz) stehen ebenfalls auf dem Markt zur Verfügung. Sie bilden während einer laufenden Messung die verschieden möglichen Mittelungspegel, wobei die Messzeit vorgegeben werden kann (manchmal bis 99 Std.). Auch lassen sich Kurzzeitmittelungspegel über der Zeit aufzeichnen, was besonders bei der Lärmüberwachung eine wichtige Eigenschaft darstellt.

3.5.1 Sonstige Eigenschaften

Moderne Geräte, sog. Universal-Schallpegelmesser, verbinden meistens alle Eigenschaften miteinander. Man kann nach einer Messung alle relevanten Größen abfragen bzw. auslesen, einschließlich Ergebnisse nach dem Taktmaximalverfahren, i. a. mit der Genauigkeitsklasse 1.

Eine große Zahl von Schallpegelmessern der Klasse 1, die auf dem Markt angeboten werden, sind Bauart geprüft und damit eichfähig. Schallpegelmesser müssen von der PTB (Physikalisch Technische Bundesanstalt) zugelassen sein, wenn sie für folgende Zwecke verwendet werden:

- Durchführung öffentlicher Überwachungsaufgaben
- Erstellung von Gutachten für gerichtliche Verfahren oder andere amtliche Zwecke
- Erstellung von anerkannten Prüfzeugnissen.

Für amtliche Immissionsmessungen gemäß § 26 BImSchG sind nur bestimmte zugelassene Stellen berechtigt; diese Stellen werden von der jeweiligen, für den Immissionsschutz zuständigen Landesbehörde in einer Liste bekannt gegeben.

Die allgemeine Kalibrierung von Schallpegelmessern erfolgt mit einem Schallkalibrator gemäß DIN EN 60942 [17], dabei wird ein in der Amplitude und Frequenz definiertes Schalldrucksignal auf das Mikrofon des Messsystems gegeben und die Anzeige entsprechend eingestellt. Diese Art der Überprüfung der Genauigkeit und damit auch der Funktionsfähigkeit sollte vor jeder neuen Messung erfolgen.

In Abb. 7. ist das Blockschaltbild eines einfachen Schallpegelmessers angegeben. Wesentliche Bestandteile sind:

- präzises, hochempfindliches Kondensatormikrofon ohne ausgeprägte Richtcharakteristik als elektro-akustischer Wandler
- Vorverstärkung zum Angleichen an die benötigte Messempfindlichkeit inklusive Übersteuerungsdetektor
- Frequenzbewertungsfilter und ggf. ein Terz-Oktavfilter

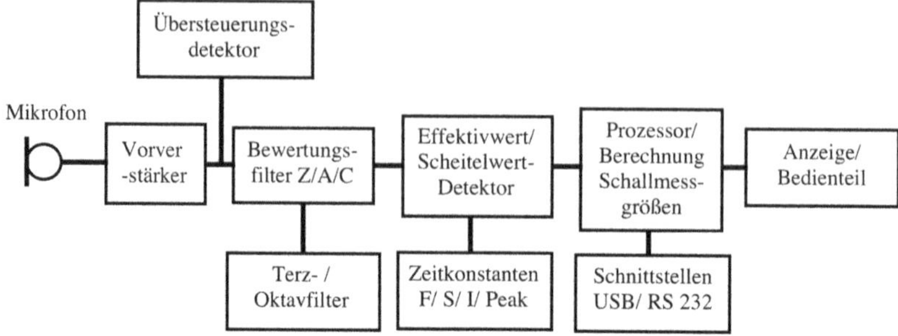

Abb. 7 Blockschaltbild eines einfachen Schallpegelmessers

- quadrierender Effektivwertbilder mit Zeitbewertungsnetzwerk
- Signalprozessor zur Ermittelung aller relevanten Schall- Messgrößen, auch als Mittelungspegel
- Anzeige- und Bedienteil
- Schnittstelle zur Ausgabe der Daten an einen Rechner.

3.6 Klassierende Messgeräte

Eine andere Form bilden klassierende Schallpegelmesser. Sie erfassen den Mittelungspegel auf statistischem Wege und ermöglichen damit auch Aussagen über Pegelhäufigkeitsverteilungen. Sie eignen sich besonders für automatische Messstationen, wobei zu beachten ist, dass die Geräte nicht zwischen Fremdgeräusch und dem interessierenden Geräusch bei einer automatischen Auswertung unterscheiden können. Dieses lässt sich umgehen, in dem zunächst nur der Pegel-Zeitverlauf und in einem Extrakanal das originale Zeitsignal (z. B. im WAV-Format) aufgezeichnet werden und somit in einer nachträglichen Auswertung eine Korrektur möglich ist, in dem zu hohe Einzelereignis-Störpegel nicht mit ausgewertet werden.

3.7 Datenerfassung

Die grafische Aufzeichnung des Schallpegelverlaufs auf einem Pegelschreiber oder die Zwischenspeicherung von Messwerten auf einem Magnetbandgerät sind heute nicht mehr üblich. Anwendung finden, wenn die Signalübertragung mittels einer geeigneten Schnittstelle nicht direkt auf einen Rechner mit seiner Festplatte erfolgt, interne Speicherchipkarten. Damit ist es möglich auch durch ein „Postprocessing“ nachträgliche Auswertungen vorzunehmen.

3.8 Frequenzfilter

Neben den in den Schallpegelmessern eingebauten Frequenzbewertungsfiltern können manchmal Terz- und Oktavfilter zwischengeschaltet oder als selbstständige Geräte angeschlossen werden (DIN EN ISO 266 [25], DIN EN 61260 [19]). Werden keine Schallpegelmesser benutzt und das Frequenzspektrum eines Schallereignisses über den gesamten Hörbereich gleichzeitig erfasst und dargestellt werden soll, benötigt man entweder sog. Echtzeit-Terz/Oktav-Analysatoren oder schmalbandig auflösende Geräte, sog. FFT-Analysatoren. Letztere eignen sich zur umfassenden Signalanalyse und sind im Prinzip kleine, spezialisierte Computer. Als Eingangsgröße wird dann lediglich ein vorverstärktes Mikrofonsignal benötigt.

4 Erfassung und Beurteilung der Geräuschemission

4.1 Allgemeines

Eine eindeutige und vergleichbare Kennzeichnung der Schallemission ist eine notwendige

Voraussetzung für die Umsetzung gesetzlicher Vorschriften und zur Begrenzung der Schallabstrahlung von Maschinen, Fahrzeugen und Anlagen. Sie ist ebenfalls wichtige Grundlage bei der Beurteilung von lärmarmen Produkten sowie bei der Bewertung des Standes der Lärmminderungstechnik. Darüber hinaus ist sie Basis für Prognoserechnungen zur Schallimmission. Kenngrößen für die Geräuschemission können folgende sein:

- der A-bewertete Schallleistungspegel (L_{WA}), der die von einer Maschine bei einem festgelegten Betriebszustand an die Umgebung insgesamt abgestrahlte Schalleistung angibt
- der Arbeitsplatz bezogene Emissionswert (L_{ASm}), der den Schalldruckpegel an dem entsprechenden, maschinennahen Bedienerplatz angibt, ggf. in Verbindung mit einem Impulszuschlag für die Charakterisierung der Impulshaltigkeit eines Geräusches.

Bei Schallausbreitungsrechnungen kann manchmal auch die Kenntnis der Richtcharakteristik einer Schallquelle von Vorteil sein.

4.2 Geräte, Maschinen, Baugruppen u. ä.

Der Schallleistungspegel ist die wichtigste Messgröße, die die Emission einer Maschine oder anderer gerätetechnischer Schallquellen beschreibt. Es werden im Wesentlichen zwei verschiedene Verfahren zur Schalleistungsbestimmung unterschieden, die in zwei Genauigkeitsklassen standardisiert sind.

4.2.1 Hüllflächen- oder auch Freifeldverfahren

Beim Freifeldverfahren (DIN EN ISO 3745 [32]) denkt man sich eine die Schallquelle umhüllende Fläche S im Fernfeld (Abstand üblicherweise > 1 m). Man unterteilt diese sog. Hüllfläche in N Teilflächen. Auf jeder Teilfläche, die senkrecht zur Schallausbreitungsrichtung stehen soll, misst man den zeitlich gemittelten Schalldruckpegel (i. a. L_{Sm}). Diese Einzelpegel $L_{p,i,}$ werden, ggf. nach erfolgter Fremdgeräuschkorrektur, dann örtlich über die gesamte Messfläche energetisch zum sog. Messflächen-Schalldruckpegel $\overline{L_p}$ gemittelt

$$\overline{L_p} = 10\lg\left\{\frac{1}{N}\sum_{i=1}^{N}10^{L_{p,i/10}}\right\} \quad [\mathrm{dB}]. \quad (19)$$

Der gesuchte Schallleistungspegel ergibt sich dann zu:

$$L_W = \overline{L_p} + 10\lg\frac{S}{S_0} + C \quad [\mathrm{dB}] \quad (20)$$

mit S_0 Bezugsfläche, i. a. 1 m^2; C beinhaltet Lufttemperatur- und Luftdruck- Korrekturwerte (s. DIN EN ISO 3745), Bezugsschalleistung 10^{-12} W, Bezugsschalldruck 20 µPa.

Die Größe und Art der Hüllfläche und die Anzahl und Lage der Teilflächen bzw. Mikrofonorte ist in diversen Teilblättern der DIN 45635 [4] den verschiedenen Geräuschquellen angepasst. Die Hüllfläche kann kugelförmig ($S = 4\pi r^2$), aber auch quaderförmig sein. Für die Anzahl der Messpunkte rechnet man grob mit etwa einem Messpunkt pro 1 m^2 Teilfläche. In der Praxis sollten bei einer quaderförmigen Hüllfläche wenigstens 6 Messpunkte vorgesehen werden. Je nach Hüllflächentyp und Anforderungen an die Messgenauigkeit kann sich diese Zahl durchaus auf zum Beispiel 20 erhöhen. Ist die Schallabstrahlung nachweisbar symmetrisch, reicht es, einen Teil der Hüllfläche zu vermessen. Das Hüllflächenverfahren lässt sich ebenso für das Schalleistungsspektrum in einzelnen Terz- oder Oktavbändern anwenden.

Das oben beschriebene Prozedere wird bei Geräte-spezifischen Emissionskennwerten i. a. analog mit der A-Frequenzbewertung durchgeführt, das entsprechende Ergebnis lautet dann L_{WA} in dB(A).

Wenn bei Messungen nach diesem Verfahren die Freifeldbedingungen nicht ausreichend sind, wird ein Verfahren nach DIN EN ISO 3744 [31] (eine oder auch mehrere reflektierende Flächen) und DIN EN ISO 3746 [33] (keine besondere Prüfumgebung) angewendet. In diesen Regelwerken wird ein sog. Messumgebungs- Korrekturwert definiert, der sich entweder aus dem Verhältnis der

Hüllfläche zur Absorptionsfläche des Raumes oder aus Vergleichsmessungen mit einer standardisierten Schallquelle ergibt. Auch kann eine verstärkte Schallabstrahlung über eine bestimmte Teilfläche aufgrund einer ausgeprägten Quellen-Abstrahlcharakteristik eine erhöhte Zahl an Messorten pro Teilfläche notwendig machen, dazu muss ein sog. Scheinrichtungsmaß ermittelt werden.

4.2.2 Hallraumverfahren

Beim Hallraumverfahren (DIN EN ISO 3741 [30]) wird der Schallleistungspegel L_W aus dem örtlich und zeitlich gemittelten und ggf. Störgeräusch korrigierten Raum-Schalldruckpegel $\overline{L_{p(ST)}}$ in dB, den die zu untersuchende Geräuschquelle in einem Hallraum mit dem Volumen V und der äquivalenten Absorptionsfläche A pro Terz oder Oktave erzeugt, folgendermaßen berechnet

$$L_W = \overline{L_{p(ST)}} + \begin{pmatrix} 10\lg \frac{A}{A_0} + 4,34\frac{A}{S} \\ +10\lg\left\{1 + \frac{S \cdot c}{8 \cdot V \cdot f_m}\right\} + C - 6 \end{pmatrix} \text{[dB]} \tag{21}$$

mit A_0 Bezugsfläche 1 m^2, S Gesamtoberfläche des Hallraums in m^2, c Schallgeschwindigkeit zur Zeit der Messung, f_m Mittenfrequenz in Hz, C beinhaltet Lufttemperatur- und Luftdruck-Korrekturwerte (s. DIN EN ISO 3741).

Die Nachhallzeit des Messraums zur Bestimmung der Absorptionsfläche ist nach DIN EN ISO 3382 [29] in Anwesenheit der zu untersuchenden Geräuschquelle im abgeschalteten Zustand zu messen. Da das Absorptionsvermögen eines Raumes i. a. frequenzabhängig ist, muss bei diesem Messverfahren der Schallleistungspegel generell in Terz- oder Oktavbändern ermittelt werden. Der A-bewertete Gesamt- Schallleistungspegel kann dann daraus berechnet werden.

An den Mess-Hallraum und damit an die Qualität des diffusen Schallfeldes, werden bestimmte Anforderungen gestellt, z. B. sollte der Raum ein Volumen von mindestens 100 m^3 haben und einen mittleren Absorptionsgrad von 0,06 nicht überschreiten.

Die Anzahl der Mikrofonpositionen im Raum wird nicht nur von der Diffusität des Raumes, sondern auch von der Frequenzzusammensetzung des abgestrahlten Geräusches bestimmt. In den Regelwerken wird von mindestens sechs bis 12 Positionen ausgegangen, die endgültige Zahl ergib sich aus der Standardabweichung der Schallpegelschwankungen über sechs Messorte.

Der Mindestabstand zwischen der zu untersuchenden Geräuschquelle und dem am nächsten gelegenen Mikrofonort muss außerhalb des Hallradius liegen.

Die zu untersuchende Geräuschquelle sollte unter üblichen Betriebsbedingungen aufgestellt werden. Da ein Hallraum i. a. eine lange Ein- und Ausschwingzeit besitzt, eignet sich dieses Messverfahren nur für stationäre, d. h. gleichmäßige Geräusche ohne Impulsanteile.

4.2.3 Kennzeichnung technischer Schallquellen

Basierend auf der nationalen Umsetzung der ursprünglichen EU-Richtlinie 98/37/EWG in Form des Produktsicherheitsgesetzes, letzte Fassung 9. ProdSV von 2015 [45]), besteht für viele technische Geräte, Maschinen oder Maschinenanlagen Informations- und Kennzeichnungspflicht bezüglich der Geräuschemissionswerte. Dieses gilt besonders für alle Geräte und Anlagen die Arbeitsplatz gebunden sind, Ausnahmen definiert die Vorschrift. Nur so kann gewährleistet werden, dass für Bedienungspersonal gesundheitliche Gefahren abgewendet und bestehende Grenzwerte nicht überschritten werden.

Grundsätzlich muss eine Maschine unter Berücksichtigung des Standes der Technik und der verfügbaren Mittel zur Geräuschminderung so konstruiert und gebaut sein, dass ihre Lärmemission das erreichbare niedrigste Niveau aufweist.

Folgende akustische Emissionskenngrößen sind, neben möglicher spezieller Installations- und Montagevorschriften zur Verminderung von Lärm, in den Bedienungsanleitungen anzugeben, wobei dieses bei Einzelmaschinen die tatsächlich Werte sind und bei Serienprodukten Messwerte an einem identischen Modell:

- der A-bewertete äquivalente Dauerschallpegel am Bedienerplatz in Ohrhöhe, wenn dieser über 70 dB(A) liegt. Wenn dieser Pegel kleiner oder gleich 70 dB(A) ist, genügt die Angabe „70 dB(A)"
- der Höchstwert des momentanen C-bewerteten Schalldrucks am Bedienerplatz, sofern dieser 130 dB übersteigt
- der Schallleistungspegel der Maschine, wenn der A-bewertete äquivalente Dauerschallpegel am Bedienerplatz über 85 dB(A) beträgt.

Zur Ermittlung der Geräuschemission ist die für die Maschine geeignete Messvorschrift zu verwenden. Ferner muss ersichtlich sein, welche Messverfahren angewendet wurden und unter welchen Betriebsbedingungen der Maschine die Messungen vorgenommen wurden.

Wenn sich die Arbeitsplätze des Bedienungspersonals nicht festlegen lassen oder nicht festgelegt sind, sind die Schalldruckpegelmessungen in einem Abstand von 1 m von der Maschinenoberfläche und 1,60 m über dem Boden oder der Zugangsplattform vorzunehmen. Der höchste Schalldruckwert und der dazugehörige Messpunkt sind anzugeben.

Für die Angabe dieser Geräuschemission müssen verbindliche Messvorschriften festgelegt sein, nur so sind vergleichbare und reproduzierbare Messungen möglich. Neben den bereits beschriebenen Rahmenmessvorschriften der DIN EN ISO findet man, in etwa 60 Teilen der DIN 45635 für diverse Maschinengruppen spezifische Angaben zur Messung der Geräuschemissions-Kennwerte; enthalten sind u. a. Angaben zur Durchführung der Messungen und über die jeweiligen Aufstellungs- und Betriebsbedingungen und die Art der Mess-Hüllfläche.

Messwerte alleine würden allerdings zur Beurteilung noch nicht ausreichen, wenn nicht zusätzliche Orientierungswerte über den Stand der Technik hinsichtlich der Geräuschemission der auf dem Markt befindlichen Produktgruppen vorliegen würden. Hierzu existieren nun eine ganze Reihe von Kenndaten, die in speziellen sog. VDI-ETS Richtlinien dokumentiert sind (ETS steht für „Emissionskennwerte Technischer Schallquellen").

Durch Festlegung der Messvorschrift und durch Daten zum Stand der Technik ist es für den Hersteller möglich, eine verbindliche Geräuschangabe nach DIN EN ISO 4871 [35] und DIN EN ISO 27574 [16] zu machen. Für den Anwender ergeben sich in der Praxis folgende Vorteile:

- Auswahl leiser Maschinen und Geräte
- Vergleich von Produkten unterschiedlicher Hersteller
- Vorgaben von definierten Kennwerten in einer Ausschreibung
- Abschätzung der zu erwartenden Lärmbelastung beim Aufbau von Arbeitsstätten, um z. B. den Anforderungen der UVV „Lärm" zu entsprechen.

Ausgenommen in der Betrachtung dieses Abschnitts sind alle Maschinen und Geräte, die ihre Verwendung im Freien haben, beispielsweise Baumaschinen oder Rasenmäher, diese werden im nächsten Abschnitt behandelt.

4.3 Maschinen und Geräte zur Verwendung im Freien

Für Geräte und Maschinen die im Freien Verwendung finden, existiert die Geräte- und Maschinenlärmschutzverordnung – 32. BImSchV als Umsetzung der europäischen Richtlinie 2000/14/EG. Sie gilt für unterschiedliche Geräte- und Maschinenarten, von Baumaschinen – wie etwa Betonmischer und Hydraulikhämmer, über Bau- und Reinigungsfahrzeuge bis hin zu Landschafts- und Gartengeräten, wie Kettensägen, Laubbläser und Rasenmäher, s. Anwendungsbereich der 32. BImSchV. Neben den Bestimmungen zum Immissionsschutz, beispielsweise für Betriebszeiten in Wohngebieten, basiert die Richtlinie 2000/14/EG bzgl. der Emission auf dem A-bewerteten Schallleistungspegel, wie er entsprechend in den weiter oben erwähnten Standards DIN EN ISO 3744 bzw. DIN EN ISO 3746 (Hüllflächenverfahren) definiert ist. Es müssen alle Produkte mit einer Kennzeichnung versehen werden, auf der die Hersteller denjenigen

Schallleistungspegel angeben, der garantiert nicht überschritten wird, darüber hinaus müssen die lautesten Geräte- und Maschinenarten, wie Verdichtungsmaschinen oder Kompressoren, aber auch Rasenmäher, zusätzlich Geräuschgrenzwerte einhalten. Im Anhang der Richtlinie sind für die Erfassung der Schallleistung hinsichtlich der verschiedenen Geräte- und Maschinengruppen im Einzelnen Angaben über Messumgebung, ggf. Messflächen und Mikrofonanzahl, Betriebsbedingungen und Beobachtungszeitraum sowie Anforderungen für das Aufstellen während der Prüfung definiert. Sind die Geräusche nicht stationär, ist eine statistisch ausreichende Zahl an Einzelereignis-Schalldruckpegeln für die Schalleistung zu erfassen. Mit Umsetzung der europäischen Richtlinie entfallen neben der alten Rasenmäherverordnung, auch die diversen bisher gültigen nationalen Emissionsrichtwerte inklusive Emissionsmessverfahren von Baumaschinen, die in den allgemeinen Verwaltungsvorschriften zum Schutz gegen Baulärm verankert waren.

4.4 Wasserinstallation, haustechnische Anlagen

Bei dieser Art von Geräuschquellen wird zur Kennzeichnung der Emission im Allgemeinen nicht der Schallleistungspegel, sondern der A-bewertete Schalldruckpegel unter definierten Messbedingungen angegeben.

Für Sanitärarmaturen jeglicher Art, wozu auch beispielsweise Spülkästen oder Druckminderer gehören, gilt die DIN EN ISO 3822 in vier Teilen [34]. Als Emissionsgröße dient hier der sog. Armaturengeräuschpegel. Um diese Größe vergleichbar zu machen, wird sie mithilfe einer Referenzarmatur – dem sog. Installationsgeräuschnormal (IGN) – in einem standardisierten Prüfstand bei vorgegebenem Wasserdruck ermittelt. Dazu wird zunächst der Schalldruckpegel im Prüfraum im Oktavfrequenzbereich zwischen 125 Hz und 4000 Hz gemessen und daraus unter Berücksichtigung der A-Bewertung ein Einzahlwert in dB(A) berechnet:

$$L_{apn} = L_n - (L_{sn} - L_{srn}) \quad [\mathrm{dB}] \tag{22}$$

mit L_{apn} Armaturengeräuschpegel pro Oktave n, L_n örtlich und zeitlich gemittelter Oktavschallpegel im Messraum, hervorgerufen durch das Geräusch der zu prüfenden Armatur unter den festgelegten Bedingungen, L_{sn} entsprechender Oktavschallpegel im Messraum, hervorgerufen durch das Geräusch des IGN bei einem Fließdruck von 0,3 MPa, L_{srn} Bezugswert des Oktavschallpegels in der Oktave n für das IGN bei einem Fließdruck von 0,3 MPa (s. DIN EN ISO 3722–1, Abschn. 7) sowie

$$L_{ap} = 10\lg \sum_{n=1}^{6} 10^{(L_{apn}+k(A)_n)/10} \quad [\mathrm{dB(A)}], \tag{23}$$

darin bedeuten: L_{ap} A-bewerteter Armaturengeräuschpegel (Einzahlwert), $n = 1,2,3,\ldots 6$ Oktaven mit den Mittenfrequenzen 125 Hz bis 4000 Hz, $k(A)_n$ Korrekturwerte der A-Bewertung in Dezibel nach DIN EN 61672-1 [20] für die sechs Oktav-Mittenfrequenzen von 125 Hz bis 4000 Hz. Wenn die IGN-Pegeldiflferenz $(L_{sn}-L_{srn})$ bei den Oktav-Mittenfrequenzen von 125 Hz bis 4000 Hz innerhalb ± 2 dB konstant ist, darf der Armaturengeräuschpegel L_{ap} auch unmittelbar aus gemessenen A-Schalldruckpegeln ermittelt werden.

Die standardisierte Messprozedur machte es möglich, eine Prüfzeichenpflicht einzuführen. Armaturen sind in zwei sog. Geräuschgruppen auf dem Markt: Gruppe I $L_{ap} \leq 20$ dB(A) und Gruppe II $L_{ap} \leq 30$ dB(A).

Die Angabe der Geräuschklasse, sichtbar auf der Armatur, ist für den Hersteller verbindlich. Sie gewährleistet dem Anwender, dass unter bestimmten Bausituationen und fachgerechter Ausführung Grenzwerte nach DIN 4109 „Schallschutz im Hochbau" eingehalten werden. So dürfen Armaturen der Gruppe II nur bei Grundrissen eingesetzt werden, die hinsichtlich des Schallschutzes unbedenklich sind.

Für Untersuchungen am Bau vor und nach Einbau von Armaturen und generell von haustechnische Anlagen (z. B. Aufzüge, Lüfter, Heizungen und dergleichen) sowie bei Erfassung von Messwerten zur Klärung der Einhaltung von Anforderungen aus der DIN 4109, dient die DIN EN ISO 16032 [24] sowie die

DIN EN ISO 10052 [21] als teilweiser Ersatz für die DIN 52219 [15]. Messgrößen sind hierbei im Allgemeinen der äquivalente Dauerschallpegel L_{Aeq} und der Höchstwert des A- und „Fast"-bewerteten Schalldruckpegels $L_{AF\,\max}$ ohne Ton- und Impulszuschlag.

4.5 Mobile Schallquellen

Bei dieser Kategorie von Schallquellen wird eher eine auf dem Schalldruck basierende Größe unter genormten Messbedingungen als Emissionskennwert herangezogen, weniger die Schallleistung.

4.5.1 Straßenfahrzeuge

Fahrgeräusch

Für die Geräuschmessungen an Kraftfahrzeugen verschiedener Klassen gilt die DIN ISO 362 mit ihrem Teil 1 (PKW, Busse, LKW) und Teil 2 (Motorräder) [37]. Anforderungen an die Messstrecke sind in DIN ISO 10844 [36] definiert, wobei wegen eines minimalen Reifengeräuscheinflusses insbesondere der Qualität des Fahrbahnbelags eine große Bedeutung zukommt.

Das Kraftfahrzeuggeräusch wird als beschleunigte Vorbeifahrt und als Vorbeifahrt mit konstanter Geschwindigkeit ermittelt. Letzteres entfällt, wenn ein zu berechnender Index aus Motorleistung und Prüfgewicht einen bestimmten Wert nicht überschreitet. Es wird im einfachsten Fall mit maximal 3/4 der Nenndrehzahl bzw. mit maximal 50 km/h im 2. Gang (bei Vierganggetriebe) an die Messstrecke herangefahren, an einem definierten Punkt A Vollgas gegeben und nach Passieren der Messtrecke an einem Punkt B das Gas weggenommen. Die jeweilige Beschleunigung wird aus den erfassten Fahrzeugdaten ermittelt. Gemessen wird auf beiden Seiten der Messstrecke mit Einzelmikrofonen im Abstand von 7,5 m und 1,2 m Höhe (siehe Abb. 8). Messwert ist der höchste Wert des A- und „Fast"-bewerteten Schalldruckpegels $L_{AF\,\max}$, während der Vorbeifahrt. Gültig ist die Messung, wenn vier aufeinander folgende Fahrten eine Pegelabweichung von weniger als 2 dB aufweisen. Die jeweils vier Einzelsignale werden für jede Messseite getrennt gemittelt Der größere der Mittelwerte ist der Emissionskennwert. Bei Fahrten mit konstanter Geschwindigkeit liegt die Testgeschwindigkeit bei 35 km/h mit typenabhängiger vorgegebener Drehzahl.

Der entsprechende Prüfbericht muss nach DIN ISO 362 mindestens die folgenden Informationen enthalten

- nach welcher Norm gemessen wurde
- Einzelheiten über das Prüfgelände, die Lage des Prüfgeländes und Witterungsbedingungen einschließlich Windgeschwindigkeit und Lufttemperatur. Windrichtung, Luftdruck, Luftfeuchte und die Temperatur der Fahrbahnoberfläche sind zusätzliche Messgrößen, die soweit sie verfügbar sind mit angegeben werden sollten
- Angaben über die verwendeten Messgeräte
- den typischen A-Schalldruckpegel des Fremdgeräuschs
- Bezeichnung des Fahrzeugs, seines Motors, seines Getriebes einschließlich variabler Übersetzung, Größe und Art der Reifen, Reifendruck, Reifenprofiltiefe, Gewicht bei der Prüfung sowie Fahrzeuglänge

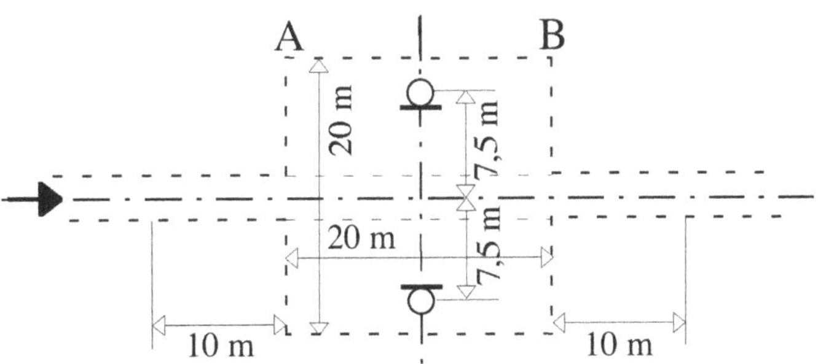

Abb. 8 Prüfbereich und Messanordnung für Kfz-Emissionsmessungen nach ISO 362 (schematisch)

- die für die Prüfung benutzten Gänge oder Übersetzungsverhältnisse
- die Fahrzeuggeschwindigkeit und die Motordrehzahl zu Beginn der Beschleunigungsphase sowie die Stelle, an der die Beschleunigung begann
- die Fahrzeuggeschwindigkeit und die Motordrehzahl am Ende der Beschleunigung
- die Zusatzausstattung des Fahrzeugs, sofern von Bedeutung, und ihr Betriebszustand
- eine Auflistung aller gemessenen A-bewerteten Schalldruckpegel mit der Angabe, auf welcher Seite des Fahrzeugs sie gemessen wurden und in welcher Richtung das Fahrzeug auf dem Prüfgelände fuhr.

Standgeräusch
Die DIN ISO 5130 [39] beinhaltet ein Messverfahren für die Ermittlung des Standgeräusches von Straßenfahrzeugen in einem vorgegebenen Drehzahlbereich, dabei zielt das Verfahren im Wesentlichen auf das Auspuffgeräusch ab. Das Messmikrofon ist im Abstand 0,5 m von einem in der Norm festgelegten Referenzpunkt der Auspuffmündung im Winkel 45° zur Ausströmrichtung aufzustellen. Die Höhe des Mikrofons über dem Untergrund muss der Höhe des Referenzpunkts entsprechen, darf aber 0,2 m nicht unterschreiten. Der Motor wird imstand bei einer konstanten Drehzahl betrieben, die je nach Motortyp zwischen 50 und 70 % der Nenndrehzahl liegt. Als Messgröße dient auch hier der maximale A- und Fast-bewertete Schalldruckpegel $L_{AF\,\max}$, bei einer Mittelung über drei gültige Messungen, die eine Reproduzierbarkeit von mindestens 2 dB aufweisen müssen.

Die beiden beschriebenen Emissionskennwerte von Straßenfahrzeugen können in folgenden Fällen notwendig sein

- Typzulassung von Fahrzeugen
- Kontrollmessungen während der Fertigung
- Messungen bei offiziellen Prüfstellen
- Messungen zum Zweck der überprüfung von Fahrzeugen im Verkehr.

4.5.2 Schienenfahrzeuge

In Zusammenhang mit der Diskussion um Fahrzeug abhängige Trassenpreise, hat die Bedeutung der schalltechnischen Klassifizierung und damit auch die Kenntnis der Schallemissionskennwerte von Schienenfahrzeugen zu genommen. Für die Geräuschmessungen an Schienenfahrzeugen gilt die DIN EN 3095 [27]. Diese Norm ist anwendbar auf Typprüfungen, aber auch für regelmäßige Überwachungsmessungen. Die Ergebnisse können beispielsweise benutzt werden, um die von diesen Zügen abgestrahlten Geräusche zu beschreiben, die Geräuschemissionen verschiedener Fahrzeuge auf einem bestimmten Gleisabschnitt zu vergleichen oder um grundlegende Quelldaten über Züge zu erheben. Aus diesen Gründen müssen Bedingungen festgelegt werden, unter denen reproduzierbare und damit vergleichbare Messungen möglich sind. Auch kommt der Definition der Schienenrauheit der Teststrecke eine besondere Bedeutung zu, weil sie das Rad-Schiene-Rollgeräusch maßgeblich mit beeinflussen kann.

Fahrgeräusch
Messgrößen
Für Züge mit konstanter Geschwindigkeit wird i. a. der sog. Vorbeifahrt-Expositionspegel TEL („Transit Exposure Level") ermittelt

$$\mathrm{TEL} = L_{Aeq,Tp} = L_{Aeq,T} + 10\lg\frac{T}{T_p} \quad [\mathrm{dB(A)}] \tag{24}$$

mit $L_{Aeq,T}$ A-bewerteter äquivalenter Dauerschallpegel während der Messdauer T; T_p Vorbeifahrdauer, entspricht der Gesamtlänge des Zuges geteilt durch die Zuggeschwindigkeit. Die Messzeit T muss so lang sein, dass die gesamte akustische Energie des Zuges erfasst wird, Beispiele für eine sinnvolle Wahl zeigt die Norm, s. auch Abb. 9.

Für einzelne Zugteile ist auch die Erfassung nur des A-bewerteten äquivalenten Dauerschalldruckpegels während der Vorbeifahrzeit möglich. Die Vorbeifahrzeit muss zusammen mit der

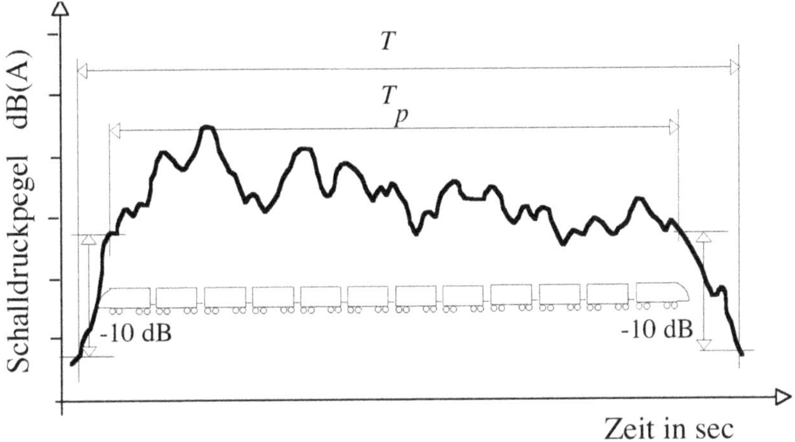

Abb. 9 Messzeitenbestimmung bei Zugvorbeifahrten nach DIN BN ISO 3095

Fahrgeschwindigkeit mit einer extra Vorrichtung gemessen werden.

Für Geräuschmessungen beim Anfahren oder Bremsen ist der A- und „Fast"- bewertete maximale Schalldruckpegel $L_{AF\,\max}$ zu messen. Hierbei startet die Vorbeifahrmessung 20 m vor dem Zuganfang und endet 20 m nach dem Zugende.

Frequenzanalysen sind erforderlich um festzustellen, ob Geräusche besonders tonhaltig sind. Hierbei beschränkt man sich i. a. auf Terzbandanalysen nach DIN EN ISO 266 [25] im Frequenzbereich von 31,5 Hz bis 8 kHz. Das Kriterium für Tonhaltigkeit ist die Überschreitung des Pegels in einem Terzband um 5 dB gegenüber den Nachbarbändern. Auch ist die Prüfung auf Impulshaltigkeit vorgesehen, die vorliegt, wenn im einfachsten Fall die Differenz zwischen dem „Slow"- und „Impulse" – bewerten Schalldruckpegel größer 5 dB beträgt.

Die Messungen erfolgen immer zu beiden Seiten des Gleises und zwar bei Zügen die kürzer als 50 m sind in einem Abstand von 7,5 m von Gleismitte, in einer Höhe von 1,2 m über Schienenoberkante. Bei längeren Zügen liegen die Messorte zu beiden Seiten des Gleises in einem Abstand von 25 m von Gleismitte, in einer Höhe von 3,5 m über Schienenoberkante. Befinden sich im oberen Teil des zu prüfenden Fahrzeuges signifikante Schallquellen, beispielsweise Auslassrohre oder Stromabnehmer, sind zusätzliche Mikrofonpositionen in einem Abstand von 7,5 m von Gleismitte, aber in einer Höhe von 3,5 m über Schienenoberkante vorzusehen, Abb. 10. Endergebnis ist der arithmetische Mittelwert von 3 Messungen an jeder Meßposition und jedem Prüfzustand. Bei beiderseitigen Messungen gilt das höhere Ergebnis.

Fahrgeschwindigkeiten

Die Fahrgeschwindigkeit bei Vorbeifahrt- Messungen hängt vom Zugtyp ab, sie kann bei 160 km/h, 80 km/h oder 40 km/h und bei der jeweiligen Höchstgeschwindigkeit liegen, auch wird eine Messung bei derjenigen Geschwindigkeit empfohlen, die vorzugsweise verwendet wird. Bei Anfahr- und Bremsuntersuchungen wird von 0 auf 30 km/h beschleunigt, bzw. aus einer konstanten Geschwindigkeit von 30 km/h abgebremst.

Standgeräusch

Bei Messungen an stehenden Fahrzeugen wird der A-bewertete äquivalente Dauerschalldruckpegel über eine Messdauer von mindestens 20 s erfasst, auch ist die Beurteilung einer Ton- und Impulshaltigkeit des Geräusches vorgesehen. Bei Standmessungen ist u. U. eine erweitere Mikrofonpositionen um das ganze Fahrzeug herum notwendig.

Die Norm enthält darüber hinaus noch generelle Angaben über die erforderlichen akustischen und meteorologischen Messbedingen,

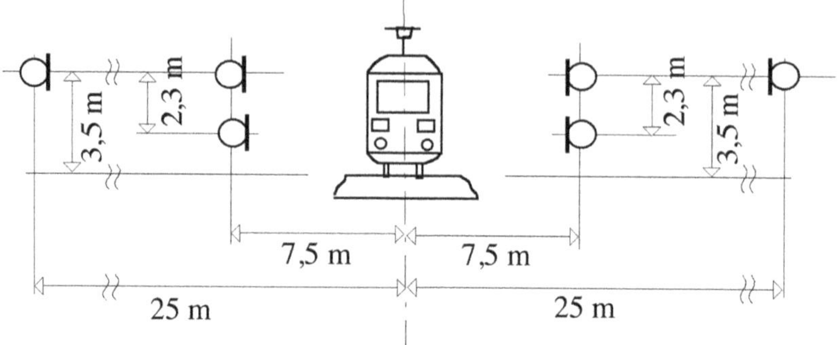

Abb. 10 Prüfbereich und Messanordnung für Schienenfahrzeuge bei konstanter Vorbeifahrt- Geschwindigkeit (schematisch)

wie beispielsweise eine freie Schallausbreitung oder Windgeschwindigkeiten kleiner 5 m/s. Alle Hilfsaggregate eines Fahrzeuges sind während der Prüfung unter betriebsüblicher Last zu betreiben. Eine Fremdgeräuschkorrektur ist ggf. vorzunehmen. Dezidierte Angaben betreffen Anforderungen an den Streckenzustand und die Erfassung der Schienenrauheit, die insbesondere bei Typprüfungen einem Referenzspektrum genügen muss. In einem informativen Anhang wird dargestellt, wie sich Anteile von Fahrweg und Fahrzeug im Gesamtgeräusch hinsichtlich verschieden möglicher Einflussparameter unterscheiden lassen.

Für Straßen- und Schienenfahrzeuge sind darüber hinaus auch Vorschriften und Richtlinien zur Ermittlung des Innengeräuschpegels vorhanden, für Straßenverkehrsfahrzeuge die DIN EN 5128 [38] und für Eisenbahnen die DIN EN ISO 3381 [28].

4.5.3 Wasserfahrzeuge

Schallpegelmessungen an Wasserfahrzeugen können in Form einer Abnahmeprüfung dem Nachweis dienen, dass Geräuschanforderungen erfüllt sind oder bei Kontrollmessungen, z. B. nach Umbauten, Aussagen liefern, ob sich Werte verändert haben. Die DIN EN 2922 [26] liegt hierfür die Anforderungen und Messvorschriften fest, ausgenommen sind Messungen an Motor getriebenen Sportbooten, die nach ISO 14509 [23] behandelt werden.

Als Emissionskennwert wird bei bewegten Fahrzeugen der auf 1 s bezogene Schallexpositionspegel $L_{AE,T}$ (s. Abschn. 2.8) für jede einzelne Vorbeifahrt im Abstand von 25 m und 3,5 m über Wasseroberfläche ermittelt. Bei anderen Abständen sind die Ergebnisse entsprechend einer Anleitung in der Norm bezüglich des Regelabstandes 25 m zu korrigieren. *T* ist die Mittelungsdauer während einer Vorbeifahrt, sie entspricht demjenigen Zeitraum der sich ergibt, wenn das Geräusch bei Annäherung des Fahrzeugs aus dem Hintergrundgeräuschpegel „herauskommt“ und entsprechend beim Entfernen im Hintergrundpegel „untergeht“. Zusätzlich ist der höchste während der Vorbeifahrt angezeigte A- und „Slow“-bewertete Schalldruckpegel $L_{AS,\,\max}$ zu erfassen. Es sind mindestens zwei Vorbeifahrten, die sich nicht um mehr als 3 dB unterscheiden sollten, zu untersuchen.

Messgröße bei stillstehenden Wasserfahrzeugen ist der über 30 s gemittelte A- bewertete Dauerschallpegel L_{Aeq}, 30 s. Dabei müssen u. U. mehrere Mikrofone im oben angegebenen Abstand um das Fahrzeug herum aufgestellt werden. Die Maschinen an Bord des Wasserfahrzeuges müssen mit der Drehzahl laufen, die für das Fahrzeug typisch ist. Bei Messungen der Schalldruckpegel an der Ansaugoder Auslassöffnung der Antriebsaggregate oder von Klimaanlagen und des Kühlsystems, sollte das Mikrofon im Abstand von 1 m vom Rand der Ansaug- bzw. Auslassöffnung unter einem Winkel von

30° zur Richtung des Gasstromes und möglichst weit entfernt von reflektierenden Flächen aufgestellt werden.

Das Auftreten von deutlich hörbaren Einzeltönen oder von Geräuschen mit deutlich impulshaltigem Charakter muss im Messbericht angegeben werden, wird aber nicht extra messtechnisch erfasst.

Die Norm enthält zusätzlich eine Reihe von Äußeren Messbedingungen, die für die Reproduzierbarkeit und Vergleichbarkeit von Ergebnissen unbedingt zu beachten sind.

Wenn es nicht möglich ist, die Messbedingungen der DIN EN 2922 zu erfüllen, kann alternativ nach dem ausschließlich nationalen Standard DIN 45640-2 [5] auch die Schallleistung nach einem Hüllflächenverfahren ermittelt werden, allerdings beschränkt auf Binnenwasserfahrzeuge. Dazu muss, wie weiter oben beschrieben, der örtlich und zeitlich gemittelte Messflächenschalldruckpegel $\overline{L_{ASm}}$ bzw. $\overline{L_{Aeq,T}}$, T Mittelungszeit, erfasst werden, aus dem sich zusammen mit der bekannten Messfläche der Schallleistungspegel ausrechen lässt. Ist das Geräusch stationär, ist für diese Messungen im einfachsten Fall ein integrierender Schallpegelmesser Klasse I ausreichend, der nacheinander an den vorgegebenen Messpunkten positioniert wird. Bei impulshaltigen Geräuschen ist anstelle der Fast-Bewertung die Impuls-Bewertung zu verwenden. Als Hüll-Messfläche ist ein Halbzylinder mit einem Radius von 10 m vorgegeben, dessen Schnittfläche die Wasseroberfläche ist und der um die Längsachse des Schiffes angeordnet ist. Die beiden Enden sind als Viertelkugeln ausgebildet. Es sind drei bis sieben Messpunkte im Abstand von 5 m vorzusehen, die tatsächliche Anzahl und genaue Lage beschreibt die Norm. Wenn die Schallabstrahlung nicht symmetrisch ist, sollen die Messpunkte nur an der Seite mit der größten Schallabstrahlung angeordnet werden.

4.5.4 Luftfahrzeuge

Luftfahrzeuge sind bezüglich ihrer Schallemission, abhängig vom Typ und höchstzulässigen Startgewicht, klassifiziert und bedürfen der Zulassungsprüfung. Die jeweiligen Emissionsgrenzwerte sind zusammen mit den Messvorschriften in den Lärmschutzforderungen für Luftfahrzeuge (LSL) definiert. Die LSL sind die Umsetzung des Regelwerks der internationalen zivilen Luftfahrt Organisation ICAO- Annex 16 in nationales Recht mit einigen Erweiterungen, beispielsweise eine verschärfte Anforderung für Propellerflugzeuge unter 9 t mit einem um 4 dB strengeren Lärmgrenzwert.

Das Lärmzulassungsverfahren betrifft drei Phasen: den Startüberflug, die seitliche Geräuschabstrahlung beim Start und den Landeanflug. Dazu wird die Geräuschemission einheitlich an drei Messpunkten erfasst und zwar hinsichtlich des Startüberfluges in 6500 m Entfernung vom Startrollpunkt auf der Mittellinie der Startbahn und in seitlicher Richtung in 450 m Abstand parallel zur Startbahnachse, dort wo der Geräuschpegel des startenden Flugzeugs ein Maximum erreicht. Bezüglich des Landeanfluges wird an einem Punkt gemessen, der 2000 m vor der Landebahnschwelle liegt, dieses entspricht bei ebenem Gelände einem Höhenabstand von 120 m zum Flugzeug. Die Höhe der Mikrofone sollte 1,20 m über Boden nicht unterschreiten, Abb. 11.

Die Besonderheit ist, dass zur Beurteilung der Emission und Vergleich mit den Grenzwerten, speziell für größere Unterschall-Strahlflugzeuge, der sog. Fluglärmpegel (Effective Perceived Noise Level (EPNL)) L_{EPN} in der Einheit dBEPN dient, ein Maß, das die Störwirkung („Noisiness“, Lärmigkeit) bereits mit einbezieht [43, 44]. Basisgröße ist der gemessene zeitliche und unbewertete Verlauf des Schalldruckpegels an den weiter oben definierten Messpunkten. Der EPNL muss relativ aufwendig

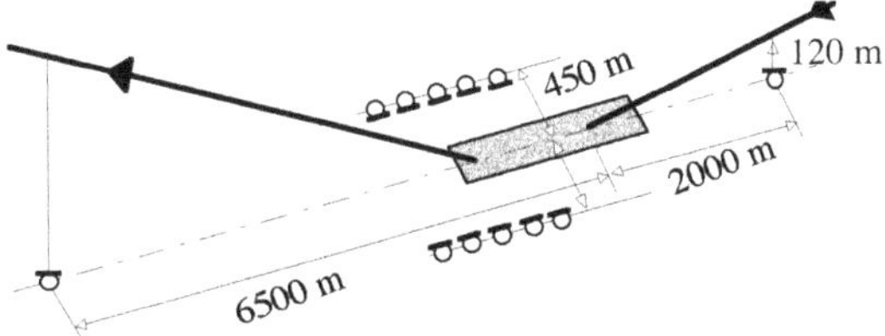

Abb. 11 Messanordnung für Luftfahrzeug- Schallemissionen nach LSL

berechnet werden. Dazu wird folgendes Prozedere durchgeführt:

Aufzeichnung des Schalldruckpegels *L(t)* während eines Start- bzw. Landevorganges, in den Zeitgrenzen des Auftauchens (Anfangspunkt) und Verschwindens (Endpunkt) im Hintergrundgeräuschpegel. Die Zeitachse zwischen Anfangs- und Endpunkt wird in *k* Intervalle der Länge 0,5 s zerlegt. Für jedes Intervall wird eine Terzanalyse in 24 Terzbändern zwischen 50 Hz bis 10 kHz durchgeführt, die Intervalllänge entspricht dann einer Mittelungszeit. Damit liegen nach diesem Schritt *k* Terzspektren vor.

Jedes dieser Terzspektren wird im Vergleich mit den aus Hörversuchen abgeleiteten sog. Kurven gleicher „Perceived Noisiness" in die der Störwirkung entsprechenden Einheit [noy] transformiert, indem der Schnittpunkt zwischen der Terz auf der Frequenzabzisse und dem Wert des entsprechenden Schalldruckpegels auf der Ordinate mit einer dieser Kurven bestimmt wird. Danach liegen *k* „Noisiness"-Spektren mit jeweils 24 Werten vor, vgl. Abb. 12.

Für jedes *k*-te Einzelspektrum wird nun die gesamte „Noisiness" N_t nach folgender Gleichung bestimmt

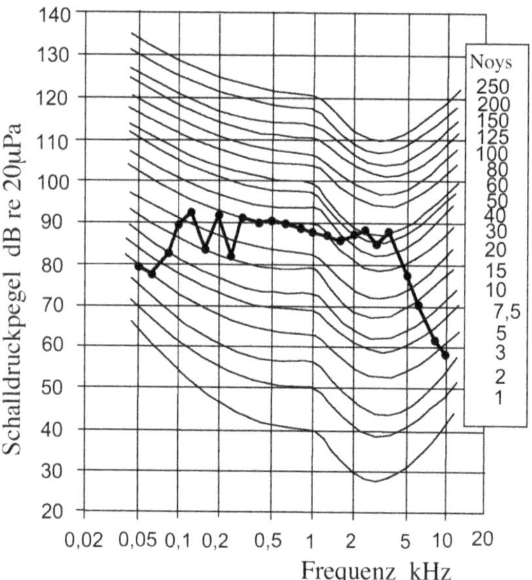

Abb. 12 Kurven gleicher Noys- Zahlen n. Kryter (1985), mit eingetragenem Beispiel- Terzspektrum

$$N_t = N_{\max} + 0,15 \cdot \left(\sum_{i=1}^{24} N_i - N_{\max} \right) \quad [\text{noy}] \tag{25}$$

mit $N_{\max}$ maximaler „Noisiness"-Wert, N_i einzelner „Noisiness"-Wert in der jeweiligen *i*-ten Terz.

Umrechnung von N_t in den „Perceived Noise Level" L_{PN} in dBPN

$$L_{PN} = 40 + 33,22 \cdot \lg N_t \quad [\text{dBPN}], \tag{26}$$

diese Umrechnung erinnert an die bekannte Umrechnung der Lautheit in den Lautstärkepegel nach Zwicker.

Nach dem letzten Schritt liegen nun *k* „Perceived Noise Level" vor, d. h. es kann der L_{PN} über die *k* Zeitintervalle als Zeitverlauf des Flugereignisses aufgetragen werden. Als Näherung wird manchmal angegeben, dass der L_{PN} dem D-bewerteten Schalldruckpegel mit einem Pegelzuschlag von 7 dB entspricht.

Ausgeprägte Einzeltöne im Fluggeräusch werden in Form eines Tonzuschlages, ΔL_{ton} in dB, berücksichtigt. Dieser wird durch Vergleich der ursprünglichen Terzspektren mit einem geglätteten Ton-bereinigten Spektrum gewonnen und kann bis zu 6,7 dB betragen. Der korrigierte „Perceived Noise Level" L_{PNT} ergibt sich dann zu

$$L_{PNT} = L_{PN} + \Delta L_{\text{ton}} \quad [\text{dBPNT}]. \tag{27}$$

Als weitere Korrektur dient die Größe *D* in dB, die der Dauer des Geräusches Rechnung trägt

$$D = 10 \lg \left\{ \sum_{k=0}^{2d} 10^{L_{PNT,k/10}} \right\} - 13 - L_{PNT,\max} \, [\text{dB}] \tag{28}$$

mit $L_{PNT,\,max}$ Maximalwert von *k* Werten L_{PNT}, *d* ist die Zeitdauer in der L_{PNT} größer ist als $L_{PNT,\,max}$. Als Näherung für $L_{PNT,\,max}$ wird angegeben, dass dieser 9 bis 14 dB größer ist, als der entsprechende maximale A- und „Fast"-bewertete Schalldruckpegel $L_{AF,\,max}$ während des Überflugs.

Die endgültige Emissions-Beurteilungsgröße ist nun der „Effective Perceived Noise Level", L_{EPN} in [dBEPN], der gegeben ist durch

$$L_{EPN} = L_{PNT,\max} + D \quad [\text{dBEPN}]. \quad (29)$$

Überschreitungen der Lärmgrenzwerte sind an einem oder zwei der weiter oben definierten Messpunkten zulässig, wenn die Summe der Überschreitungen nicht mehr als 3 dBEPN beträgt, die Überschreitung an einem einzelnen Punkt nicht mehr als 2 dBEPN beträgt und die Überschreitungen durch entsprechend geringere Lärmpegel an den anderen Messpunkten ausgeglichen wird.

Kleinere Luftfahrzeuge

Für Ultraleichtflugzeuge, Motorsegler, Propellerflugzeuge und Strahlflugzeuge mit höchstzulässigem Startgewicht bis 20 t, Hubschrauber mit entsprechendem Startgewicht bis 10 t existiert zur messtechnischen Erfassung der Schallemission ein nationales Verfahren, was in der DIN 45684-2 [14] beschrieben ist. Hierin wird der Schallleistungspegel u. a. mit dem Ziel bestimmt, eine Ausgangsgröße für die Berechnung der Schallimmission beispielsweise im Rahmen einer Prognose zu erhalten.

Die Messorte unterscheiden sich von denen in der LSL für große Flugzeuge, sie liegen für den Startvorgang auf der verlängerten Pistenmittellinie in einer Entfernung, die eine Überflughöhe von 75 m bis 150 m gewährleistet; beim Horizontalflug lotrecht in einer Flughöhe zwischen 150 m bis 300 m und für den Landevorgang auf der verlängerten Pistenmittellinie vor der Piste in einer Entfernung, die einer Überflughöhe von 75 m bis 150 m entspricht. Das Messmikrofon soll auf einer 2,5 mm dicken Metallplatte mit einem Durchmesser von 4 m, in einer Höhe von 1,50 m montiert sein. Neben den Bedingungen für die zu verwendenden Messeinrichtungen sowie Vorgaben über Wind und Wetter, enthält die Norm genaue Angaben über die Durchführung der zu erfassenden Flugphasen, getrennt für Flugzeuge und Hubschrauber. Fluggeschwindigkeit und Flughöhe müssen dabei mit geeigneter Technik erfasst werden.

Messgröße ist der Zeitverlauf des „Slow"-bewerteten Schalldruckpegels $L_{pS,n}(t)$ in $n=8$ Oktavbändern zwischen 63 Hz und 8 kHz über das jeweilige erfasste Flugereignis i. Der Schallleistungspegel wird nun aus den Messwerten folgendermaßen berechnet

$$L_{W,n,i} = L_{pS\,\max,n,i} + K + D_{s_{\min},i} + D_{L,n} \quad [\text{dB}], \quad (30)$$

darin bedeuten: $L_{W,n,i}$ Schallleistungspegel in dB in der Oktave n; $L_{pS\,\max,n,i}$ entsprechender maximaler Schalldruckpegel in dB in der Oktave n; $K=-6$ dB Korrekturwert für die Mikrofonaufstellung über reflektierendem Grund.

$D_{s_{\min},i} = 10\lg\,(4\pi(s_{\min},i/s_0)^2)$ in dB ist das sog. Abstandsmaß, berechnet aus der kürzesten Entfernung $s_{\min},i$ zwischen Flugbahn und Messort ($s_0 = 1$ m); $D_{L,n} = d_n \times s_{\min},i/s_0$ Luftabsorptionsmaß für das n-te Oktavband, mit d_n Absorptionskoeffizient für das n-te Oktavband nach DIN 45684-1, Tab. 1 [14].

Der A-bewertete Gesamt-Schallleistungspegel $L_{WA,i}$ des i-ten Flugereignisses ergibt sich dann bekanntermaßen aus den jeweiligen einzelnen Oktav-Schallleistungspegeln $L_{W,n,i}$ zu

$$L_{WA,i} = 10\lg\left\{\sum_{n=1}^{8} 10^{(L_{W,n,i}+A_n)/10}\right\} \quad [\text{dB(A)}] \quad (31)$$

mit A_n Frequenzkorrektur der A-Bewertung für die n-te Oktave, s. z. B. DIN 45684-1 [14].

Als weitere Größe gilt der Pegel L'_{WAE} als längen bezogene Schallleistungsexposition des i-ten Flugereignisses in der Form

$$L'_{WAE} = L_{WA,i} - 10\lg\frac{v_i}{v_0} \quad [\text{dB(A)/m}] \quad (32)$$

darin bedeuten v_i Fluggeschwindigkeit des i-ten Flugereignisses abhängig vom jeweiligen Flugverfahren, $v_0 = 1$ m/s Bezugsgeschwindigkeit.

Die Anzahl der erfassten Flugereignisse muss in Hinblick auf die Messgenauigkeit hinreichend groß sein, sodass immer über mindestens drei Ereignisse gemittelt werden sollte.

Messungen der Schallemission von Luftfahrzeugen werden im Allgemeinen nur von amtlich zugelassenen Stellen durchgeführt.

Andere relevante Regelwerke wie die DIN 45643 betreffen hauptsächlich die Immission in Zusammenhang mit der Fluglärmüberwachung und der Fluglärmbeurteilung innerhalb von Schutzzonen (s. Abschn. 5.4.2).

4.6 Ausgedehnte Anlagen, Straßen

Die Schallleistung als Emissionskennwert von einer größeren Industrieanlage oder einer ausgedehnten Straße (Flächen- und Linienschallquellen) kann nicht unmittelbar erfasst werden. Im Allgemeinen lässt sie sich nur anhand des Schalldruckpegels, den solche großen Quellen in größere Hallen oder ins Freie abstrahlen, zurückrechnen. Dabei müssen bestimmte Angaben über Schallquellentyp und Schallausbreitung bekannt sein, mit deren Hilfe sich die Schallleistung ausrechnen lässt. Liegt eine gleichmäßige Geräuschverteilung vor, kennzeichnet man Linienschallquellen mit einer Schalleistung pro Längenausdehnung (W/m) und Flächenschallquellen entsprechend mit einer Schalleistung pro Flächeneinheit (W/m^2).

4.6.1 Punktquelle über dem Boden

Bei einer nach allen Seiten gleichmäßig abstrahlenden, punktförmigen Schallquelle (Abmessungen $\ll \lambda$, λ Luftschall-Wellenlänge) sind die Flächen, über die sich die Schalleistung verteilt, Halbkugeloberflächen, die Intensität nimmt dann umgekehrt mit dem Quadrat der Entfernung ab.

Der Schallleistungspegel in dB bezogen auf 10^{-12} W, lässt sich entsprechend aus einem Schalldruckpegel, $L_{p,s}$ in dB bezogen auf 2×10^{-5} Pa, der im Fernfeld im Abstand s in m $(s \gg \lambda)$ gemessen wurde, in folgender Form zurückrechnen

$$L_{W,\text{Punktquelle}} = L_{p,s} + 20 \lg \frac{s}{s_0} + 8\,\text{dB} \qquad (33)$$

mit S_0 Bezugsentfernung 1 m.

4.6.2 Endlich lange Linienschallquelle

(Züge, Förderanlagen, lange Baustellen, dicht befahrene Straßen usw.)

Linienschallquellen haben eine Schalleistung pro Längeneinheit, also W/m. Die Schallintensität lässt sich berechnen, indem die Schallquelle in sehr kleine Linienelemente zerlegt wird, die alle Punktquellen darstellen. Die gesamte Intensität ergibt sich dann als Integration über alle dieser Teilschallquellen über die Gesamtlänge. Es sind zwei Fälle zu unterscheiden:

1. Der Messpunktabstand s auf einer Linie senkrecht zur Zylinderachse ist viel kleiner als die Länge l der Quelle, dann nimmt die Intensität umgekehrt mit der Entfernung ab, entspricht damit dem Verhalten einer unendlich ausgedehnten Linienschallquelle, bei der sich die Schallleistung über Halbzylindermantelflächen verteilt. Der Längen bezogene Schallleistungspegel in dB/mbezogen auf 10^{-12} W/m, ergibt sich dann entsprechend aus dem Schalldruckpegel, $L_{p,s}$ in dB bezogen auf 2×10^{-5} Pa, der im Fernfeld im Abstand $s \ll l$ gemessen wurde, zu

$$L_{W,\text{Zylinderquelle},s \ll l} = L_{p,s} + 10 \lg \frac{s}{s_0} + 3\,\text{dB} \qquad (34)$$

mit s_0 Bezugsentfernung 1 m.

2. Der Messpunktabstand s auf einer Linie senkrecht zur Zylinderachse ist viel größer als die Länge der Quelle, dann entspricht die Quelle dem Verhalten einer Punktquelle, bei der die Schallintensität, wie gezeigt, mit dem Quadrat des Abstandes von der Quelle abnimmt. Der Schallleistungspegel in dB/mbezogen auf 10^{-12} W/m, ergibt sich dann entsprechend aus dem Schalldruckpegel, Lp,s in dB bezogen auf 2×10^{-5} Pa, der im Abstand $s \gg l$ in m gemessen wurde, zu

$$\begin{aligned} L_{W,\text{Zylinderquelle},s \gg l} &= L_{p,s} + 20 \lg \frac{s}{s_0} \\ &\quad - 10 \lg \frac{l}{1\,\text{m}} + 8\,\text{dB} \end{aligned} \qquad (35)$$

mit s_0 Bezugsentfernung 1 m.

Der Übergang zwischen punkt- und linienförmigem Verhalten bei einer Linienschallquelle der Länge l liegt bei einem Abstand $s = l/\pi$.

4.6.3 Flächenschallqtiellen

(Fabrikhallenwände, Gebäudetore etc.)

Flächenschallquellen haben eine Schalleistung pro Flächeneinheit, also W/m^2. Bei flächenhaften Schallquellen mit einer Fläche $S = b \times c$ in m^2(c = Breite, b = Höhe), bei denen sich der Messort im Abstand s senkrecht vor der Fläche befindet, lassen sich drei Fälle unterscheiden (Voraussetzung $b < c$):

1. $s \ll c$, $s \ll b$, Grenze $s \leq b/\pi$. In diesem Fall ist die Intensität und damit der Schalldruckpegel von der Entfernung zur Quelle noch unabhängig, weil die Flächen über die sich die Schalleistung verteilt konstant sind. Der Flächen bezogene Schallleistungspegel in dB/m^2 bezogen auf 10^{-12} W/m^2, ergibt sich dann entsprechend aus dem Schalldruckpegel, $L_{p,s}$ in dB bezogen auf 2×10^{-5} Pa, der im Fernfeld im Abstand $s \ll c$, $s \ll b$ in m gemessen wurde, zu

$$L_{W,Flächenquelle,s \ll c,s \ll b} = L_{p,s} + 1\ \text{dB} \tag{36}$$

2. $s \ll c$, $s \gg b$, Grenze $s \leq c/\pi$. Unter diesen Bedingungen verhält sich die Flächenquelle wie eine Linienquelle. Entsprechend lässt sich der Flächen bezogene Schallleistungspegel in dB/m^2 bezogen auf 10^{-12} W/m^2, aus dem Schalldruckpegel, $L_{p,s}$ in dB bezogen auf 2×10^{-5} Pa, der im Fernfeld im Abstand $s \ll c$, $s \gg b$ in m gemessen wurde, in folgender Form zurückrechnen

$$L_{W,\text{Flächenquelle},s \ll c,s \gg b} = L_{p,s} + 10\lg\frac{s}{s_0} - 10\lg\frac{b}{1\,\text{m}} + 3\,\text{dB} \tag{37}$$

3. $s \gg c$, $s \gg b$. In ausreichend großem Abstand von der Flächenquelle, wirkt diese wie eine Punktquelle mit einem Verhalten, wie es weiter oben beschrieben ist. Der Flächen bezogene Schallleistungspegel in dB/m^2 bezogen auf 10^{-12} W/m^2, lässt sich in diesem Fall aus dem Schalldruckpegel, $L_{p,s}$ in dB bezogen auf 2×10^{-5} Pa, der im Fernfeld im Abstand $s \gg c$, $s \gg b$ in m gemessen wurde, in folgender Form ermitteln

$$L_{W,\text{Flächenquelle},s \gg c,s \gg b} = L_{p,s} + 20\lg\frac{s}{s_0} - 10\lg\frac{S}{1\,\text{m}^2} + 8\,\text{dB} \tag{38}$$

mit $S = b \times c$ Fläche der Quelle in m^2.

Die unter 1. bis 3. beschriebenen Entfernungsgesetze sind in Abb. 13 noch einmal zusammen gefasst.

Bei Flächenschallquellen, bei denen der Beobachtungsort in der Ebene der Fläche liegt (Industriegelände, Baustelle), tritt eine komplizierte Schallausbreitung auf, weil für einen Beobachter in der Nähe nur die vorderen Schallquellen eine Rolle spielen, während die rückwärtigen Quellen meist verdeckt werden und erst in einem größeren Abstand zum Tragen kommen. Eine Umrechnung des Schallleistungspegels aus einem global gemessenen Schalldruckpegel erscheint hier nicht besonders sinnvoll.

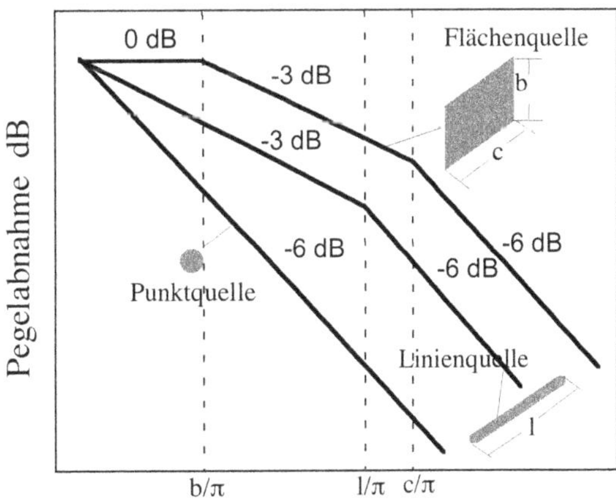

Abb. 13 Pegelabnahmen verschiedener Schallquellentypen mit der Entfernung (schematisch)

Es sei noch einmal angemerkt, dass sich die oben angegebenen Gleichungen auf eine Schallabstrahlung in einen Halbraum beziehen, so wie er in der Praxis bei der Begrenzung durch den Erdboden im Allgemeinen vorliegt. Darüber hinaus berücksichtigen die bisherigen Betrachtungen nur die sog. geometrische Entfernungsabnahme. Tatsächlich müssen in der Praxis bei größeren Messabständen weitere Effekte berücksichtigt werden, wie eine mögliche Richtungsverteilung, wenn die Schallabstrahlung nicht gleichmäßig in den Raum erfolgt; ein Einfluss durch Boden- und Luftabsorption, eine Bebauungsdämpfung oder meteorologische Effekte, s. VDI 2714, DIN ISO 9613–2 [40].

Spezielle Rechenverfahren für Straßen- und Schienenverkehrslärm werden in der DIN 18005: „Schallschutz im Städtebau“ [3] angegeben, mit deren Hilfe sich aus dem Vorbeifahrt- Mittelungspegel in 25 m Entfernung die bezogenen Schallleistungspegel ausrechnen lassen.

5 Erfassung und Beurteilung der Geräuschimmission

5.1 Am Arbeitsplatz

Für den Schutz der Arbeitnehmer gegen Lärm am Arbeitsplatz gelten im Wesentlichen die folgenden gesetzlichen Regelungen:

Arbeitsstättenverordnung (2004) sowie die „Arbeitsschutz-, Lärm- und Vibrationsverordnung – ArbSchLärmVibrationsV“ des Bundesministers für Arbeit und Soziales (BMAS) (2007). Letztere setzt die EG-Arbeitsschutzrichtlinien 2002/44/EG und 2003/10/EG sowie des ILO-Übereinkommens Nr. 148 über Lärm und Vibrationen an Arbeitsplätzen in nationales Recht um. Die früher geltende Unfallverhütungsvorschrift „Lärm“ (UVV, Berufsgenossenschaftliche Vorschrift BGV B3, 1990) wurde zurückgezogen.

Nationale ergänzende technische Richtlinien, insbesondere für die Beurteilung der Geräuschimmission, sind

VDI-Richtlinie 2058, Blatt 2: „Beurteilung von Lärm hinsichtlich Gehörgefährdung“ [54],

VDI 2058, Blatt 3: „Beurteilung von Lärm am Arbeitsplatz unter Berücksichtigung unterschiedlicher Tätigkeiten“ [54],

Die Ermittelung der Beurteilungsgrößen ist in der DIN 45645, Teil 2: „Ermittlung von Beurteilungspegeln aus Messungen – Geräuschimmissionen am Arbeitsplatz“ [9] festgelegt.

Die Messungen von Geräuschimmissionen am Arbeitsplatz umfassen das am Arbeitsplatz selber erzeugte Geräusch sowie das aus der Umgebung auf diesen Arbeitsplatz einwirkende, sog. Fremdgeräusch. Die Lärmexposition ist Personen bezogen. Für feste Arbeitsplätze wird eine Messung ortsbezogen durchgeführt, das gilt ebenso für die Ermittlung von Lärmbereichen. Hält sich die Person an mehreren Arbeitsplätzen auf, wird die gesamte Exposition für die einzelnen Aufenthaltsorte ermittelt oder durch am Körper getragene Lärmdosimeter gemessen. Maßgebend sind die Lärmpegel in Kopfhöhe. Sie können einige dB über dem allgemeinen Raumpegel liegen, wenn der Messort innerhalb des Hallradius der Lärmquelle liegt und damit nicht durch die Absorptionseigenschaften des Raumes beeinflusst wird. Das Messmikrofon soll in der Nähe der Ohren der am Arbeitsplatz in üblicher Weise tätigen Person oder aber bei abwesender Bedienungsperson am „Ort des Kopfes“ aufgestellt werden; im Allgemeinen Fall in etwa 160 cm Höhe von der Standfläche bzw. in etwa 80 cm Höhe von der Sitzfläche des Bedienerplatzes. Bei Personen gebundenen Messungen wird das Mikrofon am Körper in Ohrnähe getragen.

Basismessgröße ist nach DIN 45645–2 allgemein der A- und „Fast“-bewertete Schalldruckpegel über der Zeit $L_{AF}(t)$ aus dem bei einer schwankenden Geräuschbelastung der äquivalente Dauerschallpegel $L_{Aeq,T}$ nach DIN 45641 durch entsprechende Mittelung, beispielsweise mit einem integrierenden Schallpegelmesser, gebildet wird. Für die täglich einwirkende Geräuschimmission (Tages-Lärmexposition) gilt der Beurteilungspegel bezogen auf einen Beurteilungszeitraum von $T_r = 8$ Std. (vgl. Abschn. 2.12).

$$L_r = L_{Aeq,T} + 10 \lg \frac{T}{T_r} \quad [\text{dB(A)}]. \qquad (39)$$

Die ArbSchLärmVibrationsV bezeichnet diese Größe, in Anlehnung an internationale Regelwerke (ISO 1999), als Tages-Lärmexpositionspegel, $L_{EX,Tr}$ (vergleichbar mit dem Schallexpositionspegel mit $T_0 = 8$ Std., s. (Gl. 12)).

Der äquivalente Dauerschallpegel muss repräsentativ für die gesamte Einwirkdauer T des Lärms sein. Je nach Arbeitsschicht oder Arbeitsvorgang kann T länger oder kürzer als der Beurteilungszeitraum T_r sein. Die Verordnung kennt darüber hinaus noch den Wochen-Lärmexpositionspegel, bei dem $T_r = 40$ Std. ist. Diese Größe ist dann anzuwenden, wenn die Geräuschbelastung von einem Tag auf den anderen erheblich schwankt.

Da impulshaltige Geräusche zu einem erhöhten Gehörschadenrisiko führen können – es gibt Anzeichen dafür, dass bei impulshaltigen Geräuschen mit Pegeln zwischen $L_p = 80 \ldots 120$ dB(A) das Gehörschadenrisiko gegenüber einem gleichmäßigen Geräusch gleichen Pegels wesentlich erhöht ist – muss darüber hinaus im Rahmen der ArbSchLärmVibrationsV auch der C-bewertete Spitzenschalldruckpegel $L_{pC,\,\mathrm{peak}}$ erfasst werden. Für diese Größe existieren wie für den Lärmexpositionspegel Grenzwerte, sodass die Berücksichtigung der Impulshaltigkeit durch einen Zuschlag im Beurteilungspegel entfällt. Die ArbSchLärmVibrationsV kennt weder einen Tonzuschlag noch die Anwendung des früher geltenden Taktmaximalverfahrens.

In einem Messprotokoll sollten folgende Informationen angeführt sein:

- Beschreibung des Arbeitsplatzes; dazu gehören:
  - Art der Tätigkeit
  - Beschreibung längerfristig auftretender Geräuschimmissionen (z. B. Angabe von Pegelschwankungen)
  - Beschreibung der Art der Geräusche (Zischen, Brummen, Schlagen, unregelmäßig etc.)
- Angabe des Messortes
- benutzte Messgeräte und Genauigkeitsklassen
- verwendete Regelwerke und Messgrößen
- Angaben über Teilzeiten, Messzeiten
- Dauer der Arbeitsschicht (Einwirkdauer)
- Angabe, ob Beurteilung orts- oder Personen gebunden ist
- Beurteilungspegel bzw. Schallexpositionspegel und Spitzenpegel.

Zur Darstellung einer Geräuschsituation ist es oftmals zweckmäßig, Lärmkarten von Arbeitsplätzen oder Arbeitsbereichen innerhalb von Betriebsgebäuden oder Betriebsgeländen anzufertigen (Genaueres s. bei Stahl-Eisen-Betriebsblatt SEB 905005 „Werkslärmkarten – Anforderungen und Auswertungen", Richtlinie, Verlag Stahleisen, Düsseldorf [51]). Solche Lärmkarten können folgende Funktionen erfüllen:

- Darstellung von systematischen Messungen
- Archivierung des Ist-Lärmzustandes als Ausgangslage für eine Planung
- Kennzeichnung von Lärmbereichen gemäß ArbSchLärmVibrationsV, in denen eine Gehörüberwachung der dort Beschäftigten regelmäßig notwendig ist und innerhalb derer Gehörschutz zu tragen ist
- Erkennung von Hauptgeräuschquellen als Grundlage für durchzuführende Lärmminderungsmaßnahmen.

Hilfreich bei der Gestaltung geräuscharmer Arbeitsplätze sind die Regelwerke der DIN EN ISO 11690 Teil 1–3 „Akustik – Richtlinien für die Gestaltung lärmarmer maschinen bestückter Arbeitsstätten" [22].

Das Schutzziel wird in der ArbSchLärmVibrationsV durch Angabe eines Lärmgrenzwertes und durch sog. Auslösewerte erreicht, ab denen Maßnahmen notwendig werden. Als absoluter Personen bezogener Grenzwert gilt unter Einbeziehung der dämmenden Wirkung eines Gehörschutzes ein Expositionspegel von $L_{EX,\,8\,\mathrm{h}} = 85$ dB(A) bzw. $L_{pC,\,\mathrm{peak}} = 137$ dB(C). Definiert sind weiterhin ein unterer Auslösewert mit $L_{EX,\,8\,\mathrm{h}} = 80$ dB(A) bzw. einem $L_{pC,\,\mathrm{peak}}$ von 135 dB(C), der folgende Maßnahmen zur Pflicht macht

- Bereitstellung von Gehörschutz
- eine Unterweisung über die Gefährdung und eine
- Gesundheitsüberwachung.

Als obere Auslösewerte gelten Pegel von $L_{EX,\,8\,h}$ = 85 dB(A) bzw. $L_{pC,\,peak}$ = 137 dB(C). Dazu gehören folgende Maßnahmen:

- Tragepflicht von geeignetem Gehörschutz
- entsprechende Kennzeichnung von Arbeitsplätzen oder (-bereichen) sowie
- Einsatz von Lärmminderungsprogrammen.

Bei der Anwendung der Auslösewerte wird die dämmende Wirkung eines persönlichen Gehörschutzes zunächst nicht berücksichtigt.

In der am Anfang des Abschnittes zitierten VDI-Richtlinie 2058 Blatt 3, werden verschiedene Richtwerte in Abhängigkeit von der Tätigkeit angegeben, die in Hinblick auf Gesundheit, Leistungsfähigkeit und Arbeitssicherheit einer akzeptablen Lärmbelastung entsprechen. Danach sollte der Beurteilungspegel am Arbeitsplatz in Arbeitsräumen, auch unter Berücksichtigung der von außen einwirkenden Geräusche, höchstens betragen:

- bei überwiegend geistigen Tätigkeiten 55 dB(A)
- bei einfachen oder überwiegend mechanisierten Bürotätigkeiten und vergleichbaren Tätigkeiten 70 dB (A)
- bei allen anderen Tätigkeiten (wie z. B. Arbeiten an einer Fertigungsmaschine) 85 dB(A)
- in Pausen-, Bereitschafts-, Liege- und Sanitätsräumen 55 dB(A).

Der Vergleich der messtechnisch ermittelten Beurteilungspegel mit den entsprechenden Grenzwerten muss in Abhängigkeit von der Genauigkeit der verwendeten Schallpegelmessgeräte erfolgen. Dazu ein Zahlenbeispiel: Es wurde ein Beurteilungspegel von 84 dB(A) mit Geräten der Genauigkeitsklasse 2 ermittelt. Um diesen Wert mit dem Grenzwert vergleichen zu können, muss ein Unsicherheitsfaktor von 2 dB addiert werden, also 84 dB(A) + 2 dB(A) = 86 dB(A), ein Wert, der bereits über dem Grenzwert von 85 dB(A) liegt. Ist kein eindeutiges Ergebnis möglich, muss die Messung mit einer erhöhten Genauigkeitsklasse wiederholt werden.

5.2 Gewerbe- und Industrielärm

5.2.1 Allgemeines

Gesetzliche Grundlage zum Immissionsschutz bei Gewerbe- und Industrielärm bilden das Bundes- Immissionsschutzgesetz (BImSchG) (1974), diverse Bundesländerregelungen sowie das Gesetz zum Schutz gegen Baulärm (1965).

Für die Erfassung und Beurteilung sind im Wesentlichen die sechste Allgemeine Verwaltungsvorschrift zum BImSchG „Technische Anleitung zum Schutz gegen Lärm" (TA Lärm 1998 [53]) sowie die AVV zum „Schutz gegen Baulärm Geräuschimmissionen" (1970) [2] Maß gebend. Auf europäischer Ebene gilt entsprechend die ISO 1996 „Akustik – Beschreibung, Messung und Beurteilung von Umgebungslärm" (2003) [42]. Unter eher planerischen Aspekten ist die DIN 18005 [3] zu sehen. Sportanlagen sind in der TA Lärm explizit ausgenommen, sie unterliegen der 18. BImSchV (Sportanlagenlärmschutzverordnung) [50].

Als ausführende Organe zur Kontrolle der Einhaltung von Immissionsgrenzwerten sind angesprochen: Gewerbeaufsichtsämter, der Technische Überwachungsverein, die Ordnungsämter der Städte, Landratsämter oder andere Behörden. Diese können Schutzmaßnahmen anordnen. Die Zumutbarkeit solcher Auflagen richtet sich nach dem jeweiligen Stand der Technik sowie nach Art, Dauer und Ausmaß der Lärmbelästigung.

Beim Betrieb industrieller und gewerblicher Anlagen entstehen in der Nachbarschaft u. a. Geräusche, die als Industrie- oder Gewerbelärm bezeichnet werden. Gewerbliche Anlagen nach § 3 (5) BImSchG sind:

- Betriebsstätten und sonstige ortsfeste Einrichtungen
- Maschinen, Geräte und sonstige ortsveränderliche technische Einrichtungen und Fahrzeuge
- Grundstücke, auf denen Stoffe gelagert oder abgelagert oder Arbeiten durchgeführt werden, die Emissionen verursachen können, ausgenommen öffentliche Verkehrswege.

Eine Unterteilung erfolgt in genehmigungsbedürftige Anlagen (z. B. große Industriebetriebe, Kraftwerke, Müllverbrennungsanlagen etc.) und nicht genehmigungsbedürftige Anlagen mit geringerer Emission, dazu zählen z. B. Schreinereien, Schlossereien, Autowerkstätten u. ä.

5.2.2 Erfassung und Beurteilung (TA Lärm)

Die „Technische Anleitung zum Schutz gegen Lärm" (TA Lärm) [53] ist verbindlich. Sie ist anzuwenden:

- bei der Prüfung der Anträge auf Genehmigung zur Errichtung und zum Betrieb einer gewerblichen Anlage
- bei der Prüfung der Anträge zur wesentlichen Änderung einer genehmigungsbedürftigen Anlage
- bei der nachträglichen Anordnung zur Erfüllung der sich aus dem BImSchG ergebenden Pflichten
- bei der Beurteilung nicht genehmigungsbedürftiger Anlagen und
- bei der Beurteilung bestehender Anlagen und Lärmsituationen.

Die TA Lärm

- enthält Immissionsrichtwerte,
- gibt Hinweise zu Ort, Zeit, Durchführung und Ausführung von Schalldruckpegel-Messungen sowie zum Beurteilungspegel und
- fordert den Stand der Lärmbekämpfungstechnik.

Die früher mit geltende VDI 2058 Blatt 1 wird durch die aktuelle TA Lärm von 1998 weitgehend abgedeckt. Aus diesem Grund wurde die VDI 2058 Blatt 1 inzwischen zurückgezogen.

Grundsätzlich kann im Planungsfall die Immissionsbelastung anhand der als bekannt vorliegenden Emissions- Schallleistungen berechnet werden. Um den äquivalenten Dauerschallpegel L_{Aeq} an einem Immissionsort zu ermitteln, kann im Prinzip das Verfahren nach VDI 2714 bzw. DIN ISO 9613-2 [40] angewendet werden, bei dem alle Effekte auf dem Ausbreitungsweg in einfachen Faktoren berücksichtigt werden.

Je nach Anforderung, insbesondere auch im Beschwerdefall, kann es erforderlich sein, die Geräuschimmissionen am Immissionsort auch messtechnisch zu erfassen. Da die Richtwerte Kriterien für auftretende kurzzeitige Geräuschspitzen beinhalten, muss der vorliegende A- und „Fast"-bewertete Maximalpegel $L_{AF,\max}$ ebenfalls bekannt sein.

Grundlage der Schall-Immissionswirkung ist der *Beurteilungspegel* entsprechend DIN 45645-1 [9], s. Abschn. 2.12, der sich hier um einen meteorologischen Korrekturwert C_{met} nach DIN ISO 9613-2 unterscheidet:

$$L_r = 10 \lg \left\{ \frac{1}{T_r} \sum_{i=1}^{n} T_i \cdot 10^{(L_{Aeq,i} - C_{\mathrm{met}} + K_{T,i} + K_{I,i} + K_{R,i})/10} \right\} \text{ [dB(A)]}. \quad (40)$$

Wie in Abschn. 2.12 erwähnt, ist $T_r = \sum_{i=1}^{n} T_i$ der gesamte Beurteilungszeitraum: 16 Std. tags und 1 Std. bzw. 8 Std. nachts. Die Größe des Ton- bzw. Impulszuschlages liegt je nach Auffälligkeit bei 3 oder 6 dB (A). Im Fall von Messungen lässt sich die Impulshaltigkeit direkt messen und der Tonzuschlag nach DIN 45681 [13] bestimmen. Der Ruhezeitenzuschlag beträgt bei Geräuscheinwirkungen in den besonders schutzbedürftigen Ruhezeiten wegen der erhöhten Störwirkung 6 dB(A). Die Gl. 40 erlaubt auch die Berechnung, wenn in Teilzeiten T_i innerhalb des Beurteilungszeitraumes unterschiedliche Immissionen mit unterschiedlichen Zuschlägen für Tonhaltigkeit, Impulshaltigkeit oder Tageszeiten mit erhöhter Empfindlichkeit auftreten.

Die TA Lärm basiert auf dem Prinzip der Gesamtbelastung, d. h. es muss der Gesamtbeurteilungspegel ermittelt werden, der nach Inbetriebnahme einer genehmigungspflichtigen Anlage vorliegt bzw. im Planungsfall zu erwarten ist. Demnach wird unterschieden zwischen einem Beurteilungspegel L_V durch eine Vorbelastung bestehender Anlagen und einem entsprechenden Pegel L_Z der zusätzlichen Belastung durch die geplante Anlage, die zusammen die Gesamtbelastung ergeben

$$L_{r,G} = 10\lg\left\{10^{L_V/10} + 10^{L_Z/10}\right\} \quad [\text{dB(A)}]. \quad (41)$$

Fremdgeräusche von Quellen, die nicht dem Geltungsbereich der TA Lärm unterliegen, sind hierbei ausgenommen.

Als Messgeräte sind Präzisions- bzw. integrierende Schallpegelmesser nach DIN EN 61672 [20] vorgeschrieben. Die Geräte müssen der Genauigkeitsklasse 1 genügen.

Als sog. maßgeblicher Immissionsort und damit auch Messort gilt bei bebauten Flächen 0,5 m außerhalb vor der Mitte des geöffneten Fensters des vom Geräusch am stärksten betroffenen schutzbedürftigen Raumes (s. auch DIN 4109 „Schallschutz im Hochbau" [1989]). Die Bedingung des geöffneten Fensters vermindert den Einfluss der Reflexion durch die Gebäudehülle. Wenn diese Bedingung nicht einzuhalten ist (keine Fenster oder Fenster lassen sich nicht öffnen), muss in wenigstens 3 m bis 4 m Abstand in mindestens 1,2 m Höhe vor dem betroffenen Gebäude gemessen werden. Bei Messungen „innen" wird der Schalldruckpegel bei geschlossenen Fenstern und Türen und üblicher Raumausstattung in 1,2 m Abstand von den Begrenzungsflächen und in 1,2 m Höhe vom Boden bestimmt. Bei unbebauten Flächen gilt als Messort der am stärksten betroffene Rand der Fläche, wo nach dem Bau- und Planungsrecht das Gebäude mit schutzbedürftigen Räumen erstellt werden soll. Für schutzbedürftige Räume, die mit der zu beurteilenden Anlage baulich verbundenen sind, bei Körperschallübertragung sowie bei der Einwirkung tieffrequenter Geräusche, ist der Messort der am stärksten betroffene schutzbedürftige Raum.

Die Messzeit sollte typische Betriebsabläufe erfassen, dabei ist die durch Bescheid festgelegte Auslastung der Anlage oder ansonsten die technisch maximal mögliche Auslastung zugrunde zu legen.

Die Angabe der zeitlichen Messdurchführung hinsichtlich der Wetterlage bei Außenmessungen führt in der Praxis oft zu Unsicherheiten. In der TA Lärm wird von der vorherrschenden Wetterlage ausgegangen. In der Regel wird bei leichter Mitwindwetterlage (0,5 … 5 m/s von der Quelle zum Immissionsort) und bei Temperaturinversion, d. h. nachts bei klarem und tagsüber bei bedecktem Himmel gemessen. Diese Wetterlage ist auch Grundlage bei Planungen und liegt meistens auf der „sicheren" Seite.

Die Immissionsrichtwerte für Gewerbe- und Industrielärm in der Nachbarschaft werden nach Gebieten mit verschiedenem Nutzungscharakter unterteilt. Sie sind mit den Orientierungswerten (Planungsrichtpegel) der DIN 18005 „Schallschutz im Städtebau" [3] und den Richtlinien der AVV- „Baulärm" [2] abgestimmt. Darüber hinaus sind Richtwerte für Immissionsorte innerhalb von Gebäuden und für sog. seltene Ereignisse festgelegt (Zahlenwerte s. [53] oder auch [46]).

5.2.3 Tieffrequente Geräusche

Die Erkenntnis der besonderen Belästigungswirkung durch tieffrequente, oft tonale Geräusche hat in Form der DIN 45680 [12] Eingang in den Immissionsschutz gefunden. Diese Norm ist Teil der TA Lärm [53]. Tieffrequent ist im Sinne der Norm der Terzfrequenzbereich zwischen 8 Hz und 100 Hz. Technische Emittenten sind beispielsweise Heizungs-Wärmepumpen, Biogasanlagen, Blockheizkraftwerke oder Windenergieanlagen. Als Anwendungskriterium gilt die simultan ermittelte Pegeldifferenz

$$\Delta L = \text{dB(C)} - \text{dB(A)} \quad [\text{dB}] \quad (42)$$

eines vorliegenden gewerblichen Geräusches. Diese Differenz muss gleich oder größer 20 dB sein, damit eine Messung und Beurteilung nach DIN 45680 erfolgen kann.

Zur Beurteilung tieffrequenter Geräusche wird von den herkömmlichen Mess- und Bewertungsverfahren der TA Lärm abgewichen. Dies betrifft vor allem den Messort und die A-Frequenzbewertung. Was den Messort angeht, so sind aufgrund der bei tiefen Frequenzen wenig definierten baulichen Schallübertragung über die Fassade nach innen und durch das mögliche Auftreten von deutlich ausgeprägten Raumresonanzen, Messungen innerhalb der betroffenen Räume am Ort höchster Belastung vorgeschrieben. Hinsichtlich der Beurteilung tieffrequenter Geräuschimmissionen sind zunächst die Mittelungspegel des infrage kommenden tieffrequenten Geräusches in Terzbändem $L_{\text{Terz},eq}$ im oben genannten Frequenzbereich zu messen. In einem nächsten Schritt wird davon ausgehend der sog. Terz-Beurteilungspegel $L_{\text{Terz},r}$ ermittelt

$$L_{\text{Terz},r} = L_{\text{Terz},eq} + 10\lg\frac{T_e}{T_r} \quad [\text{dB}], \qquad (43)$$

dabei ist T_e die jeweilige Gesamteinwirkdauer innerhalb des Beurteilungszeitraumes T_r, welcher in den einschlägigen Regelwerken (DIN 45645 [9] oder TA Lärm [53]) festgelegt ist.

Das Verfahren sieht nun als weiteren Schritt die Ermittlung von zwei möglichen Pegeldifferenzen ΔL_1 und ΔL_2 zwischen den Terz-Beurteilungs- bzw. Maximalpegeln und den ebenfalls in der Norm angegebenen Pegeln der nominellen menschlichen Wahrnehmungsschwelle zwischen 8 Hz und 100 Hz L_{HS} vor, wobei nur solche Differenzen zählen, die positiv sind, d. h. der jeweilige Terzpegel liegt über der Wahrnehmungsschwelle:

$$\begin{aligned} \Delta L_1 &= L_{\text{Terz},r} - L_{HS}[\text{dB}] \\ \text{bzw.} \Delta L_2 &= L_{\text{Terz},F_{max}} - L_{HS}[\text{dB}]. \end{aligned} \qquad (44)$$

Dass auch der zeitliche Maximalpegel als Kriterium heran gezogen wird, hängt damit zusammen, dass gerade tieffrequente Geräusche hohe Schalldruckschwankungen aufweisen, die besonders belästigend sein können.

Es besteht nun Handlungsbedarf, wenn Werte der Pegeldifferenzen in einzelnen Terzen die im Beiblatt der DIN 45680 [12] angegebenen, sog. Richt- oder auch Anhaltswertdifferenzen überschreiten, wobei der jeweils größte Wert von ΔL_1 bzw. ΔL_2 maßgeblich ist. Die Anhaltswerte sind so gewählt, dass sie die Abwendung erheblicher Belästigungen im Wohnbereich zum Ziel haben.

Die beschriebene Vorgehensweise bezieht sich auf das Vorhandensein von besonders störenden Einzeltönen, gekennzeichnet durch einzelne herausragende Terzen. Wenn das ermittelte Terzspektrum eher einen gleichmäßigen Verlauf hat, sieht die DIN 45680 in ihrem Beiblatt eine andere Beurteilungsmöglichkeit vor. Dazu wird über Korrekturwerte der A-Bewertung K_{Ai} ein Gesamtterzpegel L_r berechnet, wobei Pegel, die kleiner als die Wahrnehmungsschwelle sind, unberücksichtigt bleiben.

$$L_r = 10\lg\sum_i 10^{(L_{\text{Terz},eq,i}+K_{Ai})/10} \, [\text{dB}]. \qquad (45)$$

Die so ermittelten Einzahlwerte des Gesamtpegels werden ebenfalls mit angegebenen Anhaltswerten verglichen.

Die Schwierigkeit die Komplexität der Lästigkeit tieffrequenten Schalls in einem einfachen objektiven Meßverfahren abzubilden, führte zu einer Überarbeitung des Normverfahrens in Form einer modifizierten Art von Lautheit. Der im Jahr 2013 erschienene Entwurf scheiterte an einer Vielzahl von gravierenden Einsprüchen und fehlender Forschungserkenntnisse, sodass eine weitere Bearbeitung notwendig wurde, die bisher nicht abgeschlossen werden konnte.

5.3 Baulärm

Zum Schutz der Bevölkerung vor Baulärm sind Immissionsrichtwerte im Baulärmgesetz enthalten, die den Richtwerten der TA Lärm entsprechen.

Messgrößen und -bedingungen weichen allerdings gegenüber der TA Lärm teilweise ab. Als Nachtzeit gilt die Zeit zwischen 20 und 7 Uhr. Der Richtwert gilt als überschritten, wenn ein entsprechender Beurteilungspegel diesen Richtwert überschreitet oder alternativ, wenn ein einzelner Messwert nachts 20 dB(A) über dem Richtwert liegt. Messungen werden in Form des sog. Wirkpegels nach dem 5 s Taktmaximalverfahren durchgeführt.

Auch bei der Bestimmung des Beurteilungspegels gibt es Unterschiede zur TA Lärm. Hier wird der Beurteilungspegel durch einen Betriebsdauer bedingten Pegelabzug vom Mittelungspegel gebildet und zwar entsprechend der folgenden Tabelle:

Tab. 1 Pegelabschläge bei Baulärmimmissionen

Betriebsdauer tags (7 bis 20 Uhr)	Betriebsdauer nachts (20 bis 7 Uhr)	Pegelabschlag
Bis 2,5 Std.	Bis 2 Std.	−10 dB(A)
Über 2,5 bis 8 Std.	Über 2 bis 6 Std.	−5 dB(A)
Über 8 Std.	Über 6 Std.	0 dB(A)

Ein Tonzuschlag ist bis zu 5 dB(A) möglich.

Messort ist wie bei der TA Lärm 0,5 m vor dem geöffneten Fenster des am stärksten betroffenen zu schützenden Raums. Kann dieser Messort nicht eingehalten werden, kann an einem anderen Ort in 1,20 m Höhe und 3 m Abstand zu reflektierenden Flächen gemessen werden, allerdings nicht dichter als 7 m von der Baumaschine entfernt. Der so ermittelte Schalldruckpegel muss auf den relevanten Messort zurück gerechnet werden, dazu gibt die AVV „Baulärm“ [2] eine Anleitung. Darüber hinaus enthält die Vorschrift umfangreiche organisatorische als auch technische Hinweise zur Minderung von Baulärm.

5.4 Verkehrslärm

Die Beurteilung von Verkehrslärmimmissionen wird in der Regel prognostisch behandelt. Aufgrund ständig wechselnder Verkehrssituationen sind Aussagen, die auf reinen Messungen basieren i. a. wenig reproduzierbar, weswegen in Gesetzen, Richtlinien und Normen, besonders aber bei Verwaltungsentscheidungen zunehmend von statistisch abgesicherten Berechnungsverfahren ausgegangen wird.

Grundlage bei der Berechnung von Verkehrslärm bildet die DIN 18005, Teil 1: „Schallschutz im Städtebau“ [3], die auch in der Bauleitplanung eingesetzt wird. Eine spezielle Berechnungsgrundlage für Straßenverkehrslärm stellt die „Richtlinie für Lärmschutz an Straßen“ (RLS 90 [47]) des Bundesministers für Verkehr dar. Die Berechnung der Schallimmissionen von Schienenwegen erfolgt mithilfe der „Richtlinie Schall 03“ [48] der Deutschen Bahn und die Berechnung von Schutzzonen für Fluglärm wird nach „AzB“ [1] durchgeführt. Die reine Prognose von Schallimmissionen hat zusätzliche Bedeutung durch die Umgebungslärmrichtlinie der EG (2002) bekommen, in deren Zusammenhang Städte und Gemeinden aufgefordert sind, u. a. Lärmminderungspläne von ihren Territorien aufzustellen.

Messtechnische Grundlagen sind in der DIN 45642 „Messung von Verkehrsgeräuschen“ [7] und speziell für Fluglärm in der DIN 45643 [8] zu finden, wobei die Regelwerke in Ihren Definitionen leider nicht immer einheitlich sind.

5.4.1 Straßen-, Schienen- und Schiffsverkehr

Straßenverkehrsgeräusche

Basisgröße bei Messungen von Straßenverkehrslärm-Immissionen ist nach DIN 45642 der Mittelungspegel L_m (i. a. L_{AFm} bzw. L_{Aeq}) während einer Messdauer T_M. Straßenverkehrslärm wird direkt gemessen. Er kann zu Planungszwecken auf andere Verkehrsstärken mit verschiedenen Lkw-Anteilen nach einem Prozedere im Anhang der Norm umgerechnet werden. Die Messdauer sollte mindestens 15 min betragen, dabei müssen mindestens 100 Fahrzeuge bei 10 % LKW- Anteil bzw. mindestens 50 LKW bei einem Lkw-Anteil über 10 % erfasst werden. Der Zeitpunkt der Messung soll in Zeiten einer mittleren Verkehrsstärke erfolgen, also tagsüber Dienstag bis Donnerstag zwischen etwa 8:00 Uhr und 16:00 Uhr und in der Nacht nicht zwischen 0:00 Uhr und 4:00 Uhr. Zum Messprotokoll gehören auch Angaben über die mittlere Fahrgeschwindigkeit, den Zustand der Fahrbahnoberfläche sowie die Längsneigung der Fahrbahn.

Schienenverkehrsgeräusche

Basismessgröße bei Geräuschimmissionen des Schienenverkehrs ist der Einzelereignispegel L_{T_0} während einer Zug-Vorbeifahrt in der Messzeit T_M, d. h. der auf eine Sekunde umgerechnete Mittelungspegel, in anderen Regelwerken auch Schallexpositionspegel genannt (vgl. Abschn. 2.8)

$$L_{T_0} = L_m + 10 \lg \frac{T_M}{1\,\mathrm{s}} \quad [\mathrm{dB(A)}]. \tag{46}$$

Die Anzahl der zu erfassenden Züge hängt von der Zugart ab: Reisezüge mindestens 10, Regionalbahnen (Klotz gebremste Bahnen) mindestens 15, Güterzüge mindestens 20 und Straßen- bzw. U- und S-Bahnen mindestens 15 Fahrzeuge.

Bei größeren Gleisanlagen erfolgt die Umrechnung zu einem Gesamtimmissionspegel L_m aus den einzelnen Ereignispegeln für eine bestimmte Zugart k, Gleis j sowie

Verkehrsstärke je Zugart und Gleis $M_{k,j}$ nach folgendem Prozedere

$$L_m = 10\lg\left\{\sum_{j=1}^{G}\sum_{k=1}^{N} M_{k,j}\cdot 10^{\overline{L_{T0,k,j}}/10}\right\} + 10\lg\left\{\frac{1\,\text{s}}{3600\,\text{s}}\right\} \quad [\text{dB(A)}] \tag{47}$$

mit $\overline{L_{T_0,k,j}}$ mittlerer Ereignispegel der Zugart k auf Gleis j

$$\overline{L_{T_0,k,j}} = 10\lg\left\{\frac{1}{n}\sum_{i=1}^{n} 10^{L_{T_0,k,j,i}/10}\right\} \quad [\text{dB(A)}] \tag{48}$$

sowie $L_{T_0,k,j,i}$ Einzelereignispegel des i-ten Zuges der Zugart k auf Gleis j; n Anzahl der gemessenen Züge der Zugart k auf Gleis j; $M_{k,j}$ Verkehrsstärke der Zugart k auf Gleis j pro Stunde. Dabei ist $k = 1,2,3\ldots N$ die Anzahl der Zugarten und $j = 1,2,3\ldots G$ die Anzahl der Gleise.

Zu den Protokollangaben gehören Fahrgeschwindigkeiten, Länge des Zuges, Oberbau- und Gleiszustand, Besonderheiten wie Radabsorber oder Witterungsbedingungen.

Schiffsverkehrsgeräusche

Die messtechnische Erfassung von Wasserstraßen-Verkehrsgeräuschen erfolgt in Analogie zum Schienenverkehrslärm auf der Basis von Einzelereignispegeln.

Die Messdauer T_M ist hier als diejenige Zeit definiert, in der sich der Schalldruckpegel während der Vorbeifahrt aus dem Hintergrundgeräuschpegel um mindestens 5 dB heraus hebt. Die Anzahl der zu erfassenden Vorbeifahrten beträgt generell 15. Es werden vier Schttfsarten unterschieden: Fracht- und Fahrgastschiffe unter 800 t, Fracht- und Fahrgastschiffe über 800 t, Sportboote und Fähren. Die Gesamtimmission ergibt sich durch energetische Mittelung des Einzelereignispegels über die Anzahl gleicher Schiffsarten, multipliziert mit der jeweiligen Verkehrsstärke und energetisches Aufsummieren über alle an der Immission beteiligen Schiffsarten.

Einheitlich wird für Straßen-, Schienen- und Schiffsverkehr der Immissions- Messort angegeben. Er ist wie bei der TA Lärm i. a. bei bebauten Flächen 0,5 m außen vor dem geöffneten Fenster des am stärksten betroffenen Raumes. In anderen Fällen ist mindestens ein Abstand von 2 m von der betroffenen Fassade einzuhalten und wegen des Einflusses der Reflexion sind vom Messwert 3 dB zu subtrahieren. Bei unbebauten Flächen liegt der Messort an dem am stärksten betroffenen Rand derjenigen Fläche, auf dem die schutzbedürftigen Gebäude erstellt werden sollen.

5.4.2 Luftfahrzeuge

Die Anleitung zur Berechnung von Lärmschutzbereichen (AzB [1]) und die DIN 45643 [8] behandeln Mess- und Beurteilungsgrößen von Geräuschimmissionen durch Luftfahrzeuge, hauptsächlich in Zusammenhang mit der Festlegung von zu prognostizierenden Lärmschutzzonen und der Fluglärmüberwachung.

Ausgangsgröße ist der Zeitverlauf des A- und „Slow"-bewerteten Schalldruckpegels L_{AS} (t). Kennzeichnend für ein Flugereignis sind nun zunächst der Maximalpegel $L_{AS,\max}$ und diejenige gesamte Zeitspanne t_{10}, in der der Maximalpegel während des Überfluges um nicht mehr als 10 dB unterschritten wird, sog. „10 dB-down-time" (s. Beispiel Abb. 14).

Auf dieser Basis wird ein Einzelereignispegel (Einzel-Schallexpositionspegel) $L_{AE,i}$ in dB(A)

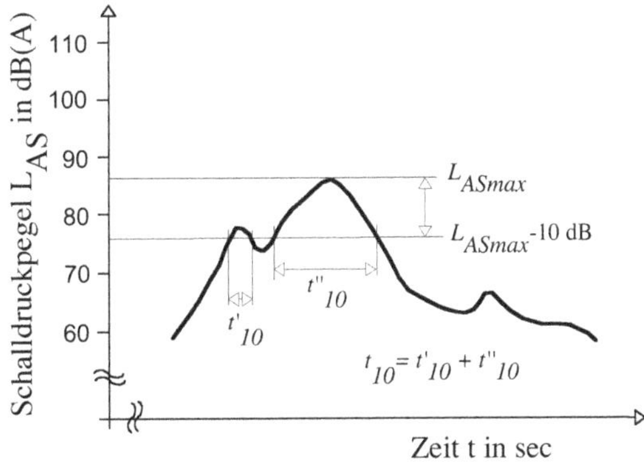

Abb. 14 Bestimmung der t_{10}-Zeit eines Flugereignisses n. DIN 45643

gebildet, der sich gegenüber früheren Regelungen zum Fluglärm darin unterscheidet, dass die übliche Referenzzeit $T_0 = 1$ s und die normale Energieäquivalenz mit $q=3$ gilt. Bezogen auf ein Geräusch mit einem zeitlich konstanten Schalldruckpegel, ergibt sich in guter Näherung dieselbe Schallexposition, wenn gilt (t gesamte Überflugzeit)

$$\frac{t_{10}}{2}\left(\frac{p_A \max}{p_0}\right)^2 \cong \int_t \left(\frac{p_A(t)}{p_0}\right)^2 dt. \quad (49)$$

Damit erhält man für den Einzelereignispegel

$$L_{AE,i} = L_{AS\,max,i} + 10\lg\frac{t_{10,i}}{T_0} - 3 \quad [\mathrm{dB(A)}]. \quad (50)$$

Bei einem Mix von Flugzeugtypen muss der Ereignispegel für jeden Typ bzw. jede Luftfahrzeuggruppe bekannt sein. Im Planungsfall wird von A-bewerteten Schallleistungs-Expositionspegeln ausgegangen, die für die meisten Flugzeuggruppen in Form von Tabellen bekannt sind (s. DIN 45684 [14]) und die mit Hilfe von Schallausbreitungsmodellen umgerechnet werden. Diesen Modellen liegt die Vorstellung der bewegten Punktschallquelle zugrunde, für die an jedem Punkt der Flugbahn die Schalleistung und Geschwindigkeit bekannt sind. Die einzelnen Flugstrecken können mithin als Linienquellen aufgefasst werden, die nach üblichen Methoden segmentiert und durch Punktschallquellen repräsentiert werden.

Als Immissionskenngröße (nach Fluglärmgesetz auch Beurteilungsgröße genannt), gilt nun der Beurteilungspegel, $L_{r,Tr}$. Dieser ergibt sich aus den äquivalenten Dauerschallpegeln, $L_{Aeq,Ti}$, der Einzelereignispegel:

$$L_{Aeq,T_i} = 10\lg\left\{\frac{T_0}{T_i}\sum_{i=1}^{N} 10^{L_{AE,i}/10}\right\} \quad [\mathrm{dB(A)}] \quad (51)$$

mit N Anzahl aller Einzelereignisse in einem noch zu definierenden Intervall T_i, $T_0 = 1$ s, zu:

$$L_{r,Tr} = 10\lg\left\{\frac{1}{T_r}\sum_{i=1}^{n} T_i \cdot 10^{(L_{Aeq,i}+K_i+K_{R,i})/10}\right\} \quad [\mathrm{dB(A)}]. \quad (52)$$

Darin bedeutet $T_r = \sum_{i=1}^{n} T_i$, wobei T_i eine Teilzeit innerhalb der Beurteilungszeit T_r ist, T_r beträgt maximal 24 h. K_R ist der bekannte Ruhezeitenzuschlag, während K ein fluglärmspezifischer Zuschlag ist (Regelwerke beachten). Je nach Höhe der Beurteilungszeit leiten sich folgende Teilgrößen ab:

$L_{r,den}$ ist der sog. „day and night" Pegel für alle Kalendertage innerhalb eines Jahres. Diesem Pegel liegt eine Beurteilungszeit von 24 h zugrunde, mit Zuschlägen K_R von 0 dB in der Teilzeit 6 Uhr bis 18 Uhr, 5 dB im Zeitraum 18 Uhr bis 22 Uhr und 10 dB während des Zeitraumes 22 Uhr bis 6 Uhr. $L_{r,p,A,eq,Nacht}$ bezieht sich auf alle Nächte der verkehrsreichsten 6 Monate des Jahres, der Beurteilungszeitraum beträgt hier 8 h zwischen 22:00 Uhr und 6:00 Uhr, der Ruhezeitenzuschlag ist 0 dB. $L_{r,p,A,eq,Tag}$ gilt für alle Tage der verkehrsreichsten 6 Monate des Jahres, der Beurteilungszeitraum beträgt hier 16 h zwischen 6:00 Uhr und 22:00 Uhr, der Ruhezeitenzuschlag beträgt ebenfalls 0 dB (s. DIN 45643 [8]).

In Zusammenhang mit der Beurteilung von Fluglärm werden ferner Maximalpegel-basierte Kenngrößen ausgewertet. Dazu wird u. a. ein mittlerer maximaler A- und Slow-bewerteter Maximalpegel aus i Einzelmaximalpegeln bestimmt:

$$\overline{L_{AS,\max,Fl,Ti}} = 10\log\left\{\frac{1}{N}\sum_{i=1}^{N} 10^{L_{AS,\max,i}/10}\right\} \mathrm{dB(A)} \quad (53)$$

mit N Anzahl der Flugereignisse im Zeitintervall T_i.

Ferner wird aus den Einzelmaximalpegeln eine Pegelstatistik erstellt, aus der hervorgeht, in wieviel % der Überflüge eine bestimmte Pegelklasse überschritten wird, der sog. *NAT*-Wert (Number About Threshold). Eine Vorgabe wie z. B. *NAT*(55 dB(A))$T=N$ bedeutet, dass ein Schwellenwert von 55 dB(A) am Tage maximal N mal erreicht bzw. überschritten werden darf. Das gilt für einen Tag mit 16 h, bei längeren Zeiträumen wird auf den oben definierten mittleren Maximalpegel zurückgegriffen. Andere bekannte statistische Größen sind die Pegelüberschreitungsdauer, *TAT*, als die Zeitspanne der Überschreitung eines bestimmten Pegelwertes durch Einzelereignisse in der Beobachtungszeit oder das sog. gewichtete Integral einer Pegelverteilung, *WILD* (s. DIN 45643 [8]).

Die Ableitung der Fluglärmgrößen erfordert eine umfangreiche Datenerhebung durch die Flughafenbetreiber. Unter anderem müssen die einzelnen Flugbewegungen, Flugzeuggruppen und die meteorologischen Bedingungen über längere Zeiträume erfasst und statistisch ausgewertet werden. Diese Datenerfassung ist ebenfalls durch das Fluglärm-Gesetz genau definiert.

Wegen der notwendigen Randdaten und der relativ aufwendigen Berechnung der Kenngrößen, sind Messungen in der Praxis weitgehend auf die Fluglärmüberwachung durch feste Messstationen beschränkt und die Auswertungen automatisiert (DIN 45643 [8]). Der Nachteil dabei ist, dass die Schallimmission für den Luftverkehr nicht mehr so einfach durch gängige Messverfahren, wie sie für andere Geräuschquellen standardisiert sind, ermittelt werden kann.

Die Messbedingungen an einen Immissionsort sind definiert (DIN 45643 [8]). Unter anderem sollte das Mikrofon senkrecht zur Flugbahn in einem Hindernis freien Sektor von 70° Öffnungswinkel zu beiden Seiten angeordnet sein. Außer dem Erdboden sollten reflektierende Flächen mindestens 10 m entfernt sein, die Standardmikrofonhöhe beträgt 6 m über Boden um die Bodenreflexion zu vermindern. Bei Messungen vor Fassaden ist der Messwert entsprechend zu korrigieren (s. z. B. VDI 2714).

Literatur

1. Anleitung zur Berechnung von Lärmschutzbereichen nach dem Gesetz zum Schutz gegen Fluglärm (AzB). (2011–08)
2. BaulärmImVwV Verwaltungsvorschrift: Allgemeine Verwaltungsvorschrift zum Schutz gegen Baulärm; Geräuschimmissionen. (1970-08-19)
3. DIN 18005-1: Schallschutz im Städtebau – Teil 1: Grundlagen und Hinweise für die Planung (2002–07), DIN 18005-1 Beiblatt 1: Schallschutz im Städtebau – Berechnungsverfahren; Schalltechnische Orientierungswerte für die städtebauliche Planung (1987–05), DIN 18005-2: Schallschutz im Städtebau – Lärmkarten; Kartenmäßige Darstellung von Schallimmissionen. (1991–09)
4. DIN 45635 Beiblatt 1: Geräuschmessung an Maschinen; Luftschallmessung, Hüllflächen-Verfahren, Formblatt für Messbericht (Messprotokoll) für Hüllflächen-Verfahren (1979–02). DIN 45635-1: Geräuschmessung an Maschinen; Luftschallemission, Hüllflächen-Verfahren; Rahmenverfahren für 3 Genauigkeitsklassen. (1984–04)
5. DIN 45640-2: Außengeräuschmessungen an Wasserfahrzeugen auf Binnengewässern; Hüllflächen-Verfahren zur Bestimmung des Schalleistungspegels. (1993–11)
6. DIN 45641: Mittelung von Schallpegeln. (1990–06)
7. DIN 45642: Messung von Verkehrsgeräuschen. 2004–06, Änderung A1: 2013–11
8. DIN 45643: Messung und Beurteilung von Fluggeräuschen. (2011–02)
9. DIN 45645-1: Ermittlung von Beurteilungspegeln aus Messungen – Teil 1: GerÄuschimmissionen in der Nachbarschaft (1996–07). DIN 45645-2: Ermittlung von Beurteilungspegeln aus Messungen – Teil 2: Geräuschimmissionen am Arbeitsplatz (2012–09)
10. DIN 45657: Schallpegelmesser – Zusatzanforderungen für besondere Messaufgaben. (2014–07)
11. DIN 45667: Klassierverfahren für das Erfassen regelloser Schwingungen. (1969–10)
12. DIN 45680/ DIN 45680 E: Messung und Bewertung tieffrequenter Geräuschimmissionen in der Nachbarschaft (1997–03/2013–09), DIN 45680 E Beiblatt 1/ DIN 45680 E Beiblatt 1: Messung und Bewertung tieffrequenter Geräuschimmissionen in der Nachbarschaft – Hinweise zur Beurteilung bei gewerblichen Anlagen. (1997–03/2013–09)
13. DIN 45681: Akustik – Bestimmung der Tonhaltigkeit von Geräuschen und Ermittlung eines Tonzuschlages für die Beurteilung von Geräuschimmissionen (2005–03). DIN 45681 Berichtigung 2: Akustik – Bestimmung der Tonhaltigkeit von Geräuschen und Ermittlung eines Tonzuschlages für die Beurteilung von Geräuschimmissionen. Berichtigungen zu DIN 45681:2005–03, mit CD. (2006–08)
14. DIN 45684-1: Akustik – Ermittlung von Fluggeräuschimmissionen an Landeplätzen – Teil 1: Berechnungsverfahren (2013–07), DIN 45684-2: Akustik – Ermittlung von Fluggeräuschimmissionen an Landeplätzen – Teil 2: Bestimmung akustischer und flugbetrieblicher Kenngrößen. (2015–12)
15. DIN 52219: Bauakustische Prüfungen; Messung von Geräuschen der Wasserinstallationen in Gebäuden. (1993–07) (zurückgezogen)
16. DIN EN 27574-1: Akustik – Statistische Verfahren zur Festlegung und Nachprüfung angegebener (oder vorgegebener) Geräuschemissionswerte von Maschinen und Geräten; Teil 1: Allgemeines

und Begriffe. (Identisch mit ISO 7574-1:1985) (1989–03), DIN EN 27574-2: Akustik – Statistische Verfahren zur Festlegung und Nachprüfung angegebener (oder vorgegebener) Geräuschemissionswerte von Maschinen und Geräten; Teil 2: Verfahren für Angaben (oder Vorgaben) für Einzelmaschinen. (Identisch mit ISO 7574-2:1985) (1989–03), DIN EN 27574-3: Akustik – Statistische Verfahren zur Festlegung und Nachprüfung angegebener (oder vorgegebener) Geräuschemissionswerte von Maschinen und Geräten; Teil 3: Einfaches Verfahren (Übergangsregelung) für Maschinenlose. (Identisch mit ISO 7574-3:1985) (1989–03), DIN EN 27574-4: Akustik – Statistische Verfahren zur Festlegung und Nachprüfung angegebener (oder vorgegebener) Geräuschemissionswerte von Maschinen und Geräten; Teil 4: Verfahren für Angaben (oder Vorgaben) für Maschinenlose. (Identisch mit ISO 7574-4:1985) (1989–03)
17. DIN EN 60942: Elektroakustik – Schallkalibratoren. (IEC 60942:2003; Deutsche Fassung EN 60942:2003) (2004–05)
18. DIN EN 61183: Elektroakustik – Kalibrierung von Schallpegelmessern in einem Schallfeld mit stochastischem Schalleinfall und im diffusen Schallfeld. (IEC 61183:1994; Deutsche Fassung EN 61183:1994) (1994–12)
19. DIN EN 61260: Elektroakustik – Bandfilter für Oktaven und Bruchteile von Oktaven. (IEC 61260:1995+A1:2001; Deutsche Fassung EN 61260:1995+A1:2001) (2003–03)
20. DIN EN 61672-1: Elektroakustik – Schallpegelmesser – Teil 1: Anforderungen. (IEC 61672-1:2002; Deutsche Fassung EN 61672-1:2003) (2014–07), DIN EN 61672-2: Elektroakustik – Schallpegelmesser – Teil 2: Baumusterprüfungen. (IEC 61672-2:2003; Deutsche Fassung EN 61672-2:2003) (2014–07), DIN EN 61672-3 Entwurf: Elektroakustik – Schallpegelmesser – Teil 3: Periodische Einzelprüfung. (IEC 29/570/CDV:2004; Deutsche Fassung prEN 61672-3:2004) (2014–07)
21. DIN EN ISO 10052: Akustik – Messung der Luftschalldämmung und Trittschalldämmung und des Schalls von haustechnischen Anlagen in Gebäuden – Kurzverfahren. (ISO 10052:2004) (2010–10)
22. DIN EN ISO 11690-1: Akustik – Richtlinien für die Gestaltung lärmarmer maschinenbestückter Arbeitsstätten – Teil 1: Allgemeine Grundlagen. (ISO 11690-1:1996) (1997–02), DIN EN ISO 11690-2: Akustik – Richtlinien für die Gestaltung lärmarmer maschinenbestückter Arbeitsstätten – Teil 2: Lärmminderungsmaßnahmen. (ISO 11690-2:1996) (1997–02), DIN EN ISO 11690-3: Akustik – Richtlinien für die Gestaltung lärmarmer maschinenbestückter Arbeitsstätten – Teil 3: Schallausbreitung und -vorausberechnung in Arbeitsräumen. (ISO/TR 11690-3:1997) (1999–01)
23. DIN EN ISO 14509-1: Kleine Wasserfahrzeuge – Von motorgetriebenen Sportbooten abgestrahlter Luftschall – Teil 1: Vorbeifahrtmessungen. (ISO 14509-1:2008) (2009–01), DIN EN ISO 14509-2: Kleine Wasserfahrzeuge – Von motorgetriebenen Sportbooten abgestrahlter Luftschall – Teil 2: Beurteilung der Schallemission mittels Referenzbooten. (ISO 14509-2:2006) (2007–02), DIN EN ISO 14509-3 Kleine Wasserfahrzeuge – Von motorgetriebenen Sportbooten abgestrahlter Luftschall – Teil 3: Beurteilung der Schallemission mittels Rechen- und Messverfahren. (ISO 14509-3:2009) (2009–11)
24. DIN EN ISO 16032: Akustik – Messung des Schalldruckpegels von haustechnischen Anlagen in Gebäuden – Standardverfahren. (ISO 16032:2004) (2004–12)
25. DIN EN ISO 266: Akustik – Normfrequenzen. (ISO 266:1997; Deutsche Fassung EN ISO 266:1997) (1997–08)
26. DIN EN ISO 2922: Akustik – Messung des von Wasserfahrzeugen auf Binnengewässern und in Häfen abgestrahlten Luftschalls. (ISO 2922:2000) (2013–12)
27. DIN EN ISO 3095: Akustik – Bahnanwendungen – Messung der Geräuschemission von spurgebundenen Fahrzeugen. (ISO 3095:2013) (2014–07)
28. DIN EN ISO 3381: Akustik – Bahnanwendungen – Geräuschmessungen in spurgebundenen Fahrzeugen. (ISO 3381:2005) (2011–05)
29. DIN EN ISO 3382-1: Akustik – Messung der Nachhallzeit von Räumen mit Hinweis auf andere akustische Parameter. (ISO 3382:1997) (2009–10), DIN EN ISO 3382-2: Akustik – Messung von Parametern der Raumakustik – Teil 2: Nachhallzeit in gewöhnlichen Räumen. (ISO 3382-2:2008) (2008–09), DIN EN ISO 3382-2 Berichtigung 1, 2009-09 DIN EN ISO 3382-3: Akustik – Messung von Parametern der Raumakustik – Teil 3: Großraumbüros. (ISO 3382-3:2012) (2012–5)
30. DIN EN ISO 3741: Akustik – Bestimmung der Schallleistungs- und Schallenergiepegel von Geräuschquellen aus Schalldruckmessungen – Hallraumverfahren der Genauigkeitsklasse 1. (ISO 3741:2010) (2011–01)
31. DIN EN ISO 3744: Akustik – Bestimmung der Schallleistungs- und der Schallenergiepegel von Geräuschquellen aus Schalldruckmessungen – Hüllflächenverfahren der Genauigkeitsklasse 2 für ein im Wesentlichen freies Schallfeld über einer reflektierenden Ebene. (ISO 3744:2010) (2011–02)
32. DIN EN ISO 3745: Akustik – Bestimmung der Schallleistungspegel von Geräuschquellen aus Schalldruckmessungen – Verfahren der Genauigkeitsklasse 1 für reflexionsarme Räume und Halbräume. (ISO 3745:2012) (2013–07), DIN EN ISO 3745 Berichtigung 1: Akustik – Bestimmung der Schallleistungspegel von Geräuschquellen aus Schalldruckmessungen – Verfahren der Genauigkeitsklasse 1 für reflexionsarme Räume und Halbräume. (ISO 3745:2012) (2015–04)

33. DIN EN ISO 3746: Akustik – Bestimmung der Schalleistungspegel von Geräuschquellen aus Schalldruckmessungen – Hüllflächenverfahren der Genauigkeitsklasse 3 über einer reflektierenden Ebene. (ISO 3746:2010) (2011–03)
34. DIN EN ISO 3822-1: Akustik – Prüfung des Geräuschverhaltens von Armaturen und Geräten der Wasserinstallation im Laboratorium – Teil 1: Meßverfahren. (ISO 3822-1:1999) (2009–07), DIN EN ISO 3822-2: Akustik – Prüfung des Geräuschverhaltens von Armaturen und Geräten der Wasserinstallation im Laboratorium – Teil 2: Anschluß- und Betriebsbedingungen für Auslaufventile und für Mischbatterien. (ISO 3822-2:1995) (1995–05), DIN EN ISO 3822-3: Akustik – Prüfung des Geräuschverhaltens von Armaturen und Geräten der Wasserinstallation im Laboratorium – Teil 3: Anschluß- und Betriebsbedingungen für Durchgangsarmaturen. (ISO 3822-3:1997) (2010–04), DIN EN ISO 3822-4: Akustik – Prüfung des Geräuschverhaltens von Armaturen und Geräten der Wasserinstallation im Laboratorium – Teil 4: Anschluß- und Betriebsbedingungen für Sonderarmaturen. (ISO 3822-4:1997) (1997–03)
35. DIN EN ISO 4871: Akustik – Angabe und Nachprüfung von Geräuschemissionswerten von Maschinen und Geräten. (ISO 4871:1996) (2009–11)
36. DIN ISO 10844: Akustik – Anforderungen an Prüfstrecken zur Geräuschmessung an Straßenfahrzeugen. (ISO 10844:2011) (2012–01)
37. DIN ISO 362–1: Akustik – Messverfahren der Genauigkeitsklasse 2 für das von beschleunigten Straßenfahrzeugen abgestrahlte Geräusch – Teil 1: Fahrzeuge der Klassen M und N. (ISO 362–1:2007) (2009–07), DIN ISO 362–2: Akustik – Messverfahren der Genauigkeitsklasse 2 für das von beschleunigten Straßenfahrzeugen abgestrahlte Geräusch – Teil 2: Fahrzeuge der Klasse L. (ISO 362–2:2009) (2010–05)
38. DIN ISO 5128: Akustik – Innengeräuschmessungen in Kraftfahrzeugen. (1984–11)
39. DIN ISO 5130: Akustik – Messung des Standgeräusches von Straßenfahrzeugen. (ISO 5130:2007) (2008–06)
40. DIN ISO 9613-2: Akustik – Dämpfung des Schalls bei der Ausbreitung im Freien – Teil 2: Allgemeines Berechnungsverfahren. (ISO 9613-2:1996) (1999–10)
41. Fleischer, G.: Lärm – der tägliche Terror. Georg Thieme, Stuttgart (1990)
42. ISO 1996-1: Akustik – Beschreibung, Messung und Beurteilung von Umgebungslärm – Teil 1: Grundlegende Größen und Beurteilungsverfahren (2016–03), ISO/DIS 1996-2: Akustik – Beschreibung, Messung und Beurteilung von Umgebungslärm – Teil 2: Bestimmung vom Umgebungslärmpegeln. (2015–06)
43. ISO 3891: Akustik – Verfahren zur Beschreibung von Fluglärm, der am Boden gehört wird. (1978–01) (zurückgezogen 2010–07)
44. Kryter, K.D.: The Effects of Noise on Man, 2. Aufl. Academic, New York (1985)
45. Maschinenverordnung: Neunte Verordnung zum Geräte- und Produktsicherheitsgesetz (9.107. GPSGV 1993), geändert durch Art. 14 V v. 23.12.2004, Umsetzung der Richtlinie 89/392/EWG (1989), geändert durch die Richtlinie 91/368/EWG (1991), zuletzt als 9. ProdSV von 2015
46. Müller, G., Möser, M.: Taschenbuch der Technischen Akustik, 3. Aufl. Springer, Berlin (2003)
47. RLS 90: Richtlinie für den Lärmschutz an Straßen. Der Bundesminister für Verkehr, Abteilung Straßenbau. (1990)
48. Schall 03: Richtlinie zur Berechnung der Schallimmissionen von Schienenwegen. Deutsche Bahn AG. (2015)
49. Schultz, T.J.: Comminity Noise Ratings. Applied Science Publishers Ltd, London (1972)
50. Sportanlagenlärmschutzverordnung – 18. BImSchV: Achzehnte Verordnung zur Durchführung des Bundes- Immissionsschutzgesetzes. (1991)
51. Stahl-Eisen-Betriebsblatt SEB 905002 Teil 1: Lärmarme Maschinen und Anlagen; Planung-Bestellung- Abnahme; Grundlagen. (Ausg. 02.91) Stahl-Eisen-Betriebsblatt SEB 905002 Teil 2: Lärmarme Maschinen und Anlagen, Planung, Bestellung, Abnahme, Technische Anforderungen. (Ausg. 02.91) Stahl-Eisen-Betriebsblatt SEB 905005: Lärmminderung bei Maschinen und Anlagen. WerkslÄrmkarten; Anfertigung und Auswertungs-Richtlinien. (Ausg. 04.75)
52. Stevens, S.S.: Procedure for calculating Loudness. J. Acoust. Soc. Am. **33**,1577–1585 (1969)
53. TA LÄrm Verwaltungsvorschrift: Sechste Allgemeine Verwaltungsvorschrift zum Bundes- Immissionsschutzgesetz (Technische Anleitung zum Schutz gegen Lärm – TA Lärm). GMBl 1998, Nr. 26 von 1998, S. 503–515, (1998-08-26)
54. VDI 2058 Blatt 2 TechnischeRegel: Beurteilung von Lärm hinsichtlich Gehörgefährdung (1988–06), VDI 2058 Blatt 3 TechnischeRegel Regel: Beurteilung von Lärm am Arbeitsplatz unter Berücksichtigung unterschiedlicher Tätigkeiten. (2014–08)
55. VDI 3723 Blatt 1 Technische Regel: Anwendung statistischer Methoden bei der Kennzeichnung schwankender Geräuschimmissionen (1993–05). VDI 3723 Blatt 2 Technische Regel: Anwendung statistischer Methoden bei der Kennzeichnung schwankender Geräuschimmissionen – Teil 2: Qualitätsprüfung bei der Beurteilung von Geräuschsituationen. (2006–03)
56. Verkehrslärmschutzverordnung – [16.] BImSchV: Sechzehnte Verordnung zur Durchführung des Bundes-Immissionsschutzgesetzes. 1990, geändert (2014-12-18)
57. Zwicker, E.: Psychoakustik. Springer, Berlin (1982)
58. Zwicker, E., Fastl, H.: Psychoacoustics Facts and Models, 2. Aufl. Springer, Berlin (2007)

Ergänzende Literatur

Akustik04: Richtlinie für schalltechnische Untersuchungen bei der Planung von Rangier- und Umschlagbahnhöfen. Deutsche Bahn AG. (2014)

Anleitung zur Datenerfassung über den Flugbetrieb (AzD). (2011–08)

Beckert, C., Chotjewitz, I.: TA Lärm – Technische Anleitung zum Schutz gegen Lärm mit Erläuterungen. Schmidt, Berlin (2000)

Bohny, H.-M., Borgmann, R., Kellner, K.-H.: Lärmschutz in der Praxis. R. Oldenbourg, München (1986)

Christ, E., Fischer, S.: Lärmminderung an Arbeitsplätzen, 4. Aufl. Schmidt, Berlin (1999)

DIN 45630-1: Grundlagen der Schallmessung; Physikalische und subjektive Größen von Schall (1971–12)

DIN 45642: Messung von Verkehrsgeräuschen (2004–06), Änderung A1: (2013–11)

DIN 45657: Schallpegelmesser – Zusatzanforderungen für besondere Messaufgaben, Taktmaximalverfahren und Pegelhäufigkeitsverteilung. (2014–07)

DIN 45682: Schallimmissionspläne. (2002–09)

DIN EN 14366: Messung der Geräusche von Abwasserinstallationen im Prüfstand. (2005–02)

DIN EN 1915-4: Luftfahrt-Bodengeräte – Allgemeine Anforderungen – Teil 4: Lärmmessverfahren und -minderung. (2009–06)

DIN EN ISO 10052: Akustik – Messung der Luftschalldämmung und Trittschalldämmung und des Schalls von haustechnischen Anlagen in Gebäuden – Kurzverfahren. (ISO 10052:2004) (2010–10)

DIN EN ISO 11203: Akustik – Geräuschabstrahlung von Maschinen und Geräten – Bestimmung von Emissions-Schalldruckpegeln am Arbeitsplatz und an anderen festgelegten Orten aus dem Schalleistungspegel. (ISO 11203:1995) (2010–01)

DIN EN ISO 12001: Akustik – Geräuschabstrahlung von Maschinen und Geräten – Regeln für die Erstellung und Gestaltung einer Geräuschmessnorm. (ISO 12001:1996) (2010–01)

DIN EN ISO 22868: Geräuschmessnorm für handgehaltene forstwirtschaftliche Maschinen mit Verbrennungsmotor – Ermittlung des A-bewerteten Emissions-Schalldruckpegels am Ort der Bedienungsperson sowie des A-bewerteten Schallleistungspegels – Verfahren der Genauigkeitsklasse 2. (ISO/DIS 22868:2003) (2003–06)

DIN EN ISO 3740: Akustik – Bestimmung des Schallleistungspegels von Geräuschquellen – Leitlinien zur Anwendung der Grundnormen. (ISO 3740:2000) (2001–03)

DIN EN ISO 3743-1: Akustik – Bestimmung der Schalleistungspegel von Geräuschquellen; Verfahren der Genauigkeitsklasse 2 für kleine, transportable Quellen in Hallfeldern – Teil 1: Vergleichsverfahren in Prüfräumen mit schallharten Wänden. (ISO 3743-1:2010) (2011–01), DIN EN ISO 3743-2: Akustik – Bestimmung der Schalleistungspegel von Geräuschquellen aus Schalldruckmessungen – Verfahren der Genauigkeitsklasse 2 für kleine, transportable Quellen in Hallfeldern – Teil 2: Verfahren für Sonder-Hallräume. (ISO 3743-2:1994) (2009–11), DIN EN ISO 3743-2/A1 Akustik – Bestimmung der Schallleistungspegel von Geräuschquellen aus Schalldruckmessungen – Verfahren der Genauigkeitsklasse 2 für kleine, transportable Quellen in Hallfeldern – Teil 2: Verfahren für Sonder-Hallräume – Änderung 1. (2013–08)

DIN EN ISO 3747: Akustik – Bestimmung der Schallleistungspegel von Geräuschquellen aus Schalldruckmessungen – Vergleichsverfahren zur Verwendung unter Einsatzbedingungen. (ISO 3747:2010) (2011–03)

DIN EN ISO 5135: Akustik – Bestimmung des Schalleistungspegels von Geräuschen von Luftdurchlässen, Volumendurchflussreglern, Drossel- und Absperrelementen durch Messungen im Hallraum. (ISO 5135:1997) (1999–02)

DIN EN ISO 9241-6: Ergonomische Anforderungen für Bürotätigkeiten mit Bildschirmgeräten – Teil 6: Leitsätze für die Arbeitsumgebung. (ISO 9241-6:1999) (2001–03)

DIN ISO 2923: Akustik – Geräuschmessung auf Wasserfahrzeugen. (ISO 2923:1996+Corrigendum 1:1997) (2003–03)

European Civil Aviation Conference Report on Standard Method of Computing Noise Contours around Civil Airports. ECAC.CEAC Doc. 29, 3rd edition, 07/12/2005, Neuilly-sur-Seine Cédex, France

Gesetz zur Verbesserung des Schutzes vor Fluglärm in der Umgebung vonFlugplätzen. (2007)

Hansmann, K.: TA Lärm – Kommentar. Beck, München (2000)

Harris, C.M.: Handbook of Acoustical Measurements and Noise Control, 3. Aufl. Acoustical Society of America, Woodbury New York (1998)

ISO 1999: Akustik – Bestimmung der berufsbedingten Lärmexposition und Einschätzung der lärmbedingten Hörschädigung. (1990–01)

ISO 20906: Akustik – Unbeaufsichtigte Überwachung von Flugzeugschall in der Umgebung von Flughäfen (2009–12), ISO 20906 AMD 1: Akustik – Unbeaufsichtigte Überwachung von Flugzeugschall in der Umgebung von Flughäfen; Änderung 1, (2013–07) (in engl. Sprache)

Krell, K.: Handbuch für Lärmschutz an Straßen und Schienenwegen, 2. Aufl. Elsner, Dieburg (1990)

Lärmschutzanforderungen für Luftfahrzeuge (LSL). Neufassung 2004. (Das Bundesministerium für Verkehr, Bau undWohnungswesen hat mit Datum vom 6.April 2000eine Änderung der Neufassung der Lärmschutzanforderungen für Luftfahrzeuge bekannt gegeben)

Maue, J.H.: 0 Dezibel + 0 Dezibel = 3 Dezibel – Einführung in die Grundbegriffe und die quantitative Erfassung des Lärms, 8. Aufl. Schmidt, Berlin (2003)

N.N.: Lärmschutz an Maschine und Arbeitsplatz – Vorschriften technische Regeln Gefährdungsbewertung. Wirtschaftsverlag N. W. Verlag für neue Wissenschaft, Bremerhaven (2004)

N.N.: Measuring Sound Broschüre BR 0047-13. Bruel & Kjær Sound & Vibration Measurement A/S, Noerum Dänemark (1984)

N.N.: Umweltlärm Broschüre BR1628-11. Bruel & Kjær Sound & Vibration Measurement A/S, Noerum Dänemark (2000)

Rathe, E.J.: Note on two common problems of sound propagation. J. Sound Vib. **10**(3), 472–479 (1969)

Richtlinie 2002/49/EG des Europäischen Parlaments und des Rates vom 25. Juni 2002 über die Bewertung und Bekämpfung von Umgebungslärm

Richtlinie 2004/50/EG des Europäischen Parlaments und des Rates vom 29.04.2006 über die Interoperabilität des transeuropäischen Hochgeschwindigkeitssystems (TSI)

Richtlinie 89/392/EWG des Rates vom 14. Juni 1989 zur Angleichung der Rechtsvorschriften der Mitgliedstaaten für Maschinen, Amtsblatt Nr. L 183 vom 29/06/1989 S. 0009–0032

Schirmer, W. (Hrsg.): Technischer LÄrmschutz—Grundlagen und praktische Maßnahmen zum Schutz vor LÄrm und Schwingungen von Maschinen, 2. Aufl. Springer, Berlin (2006)

Schmidt, H.: Schalltechnisches Taschenbuch, 4. Aufl. VDI-Verlag, Düsseldorf (1988)

Spannowsky, W., Mitschang, S. (Hrsg.): Lärmschutz in der Bauleitung und bei der Zulassung von Bauvorhaben, 1. Aufl. Verlag C Heymanns, Köln (2002)

Strick, S.: Lärmschutz an Strassen. Verlag C Heymanns, Köln (2006)

Umweltbundesamt. (Hrsg.): Lärmbekämpfung' 88: Tendenzen- Probleme- Lösungen, Neuaufl. Schmidt, Berlin. (vergriffen) (1989)

VDI 2569 Technische Regel: Schallschutz und akustische Gestaltung im Büro. (2016–02)

VDI 3733 Technische Regel: Geräusche bei Rohrleitungen. (1996–07)

VDI 3738 Technische Regel: Emissionskennwerte technischer Schallquellen – Armaturen. (1994–11) (zurückgezogen)

GPSR Compliance
The European Union's (EU) General Product Safety Regulation (GPSR) is a set of rules that requires consumer products to be safe and our obligations to ensure this.

If you have any concerns about our products, you can contact us on

ProductSafety@springernature.com

In case Publisher is established outside the EU, the EU authorized representative is:

Springer Nature Customer Service Center GmbH
Europaplatz 3
69115 Heidelberg, Germany

www.ingramcontent.com/pod-product-compliance
Ingram Content Group UK Ltd.
Pitfield, Milton Keynes, MK11 3LW, UK
UKHW061828190726
13853UKWH00009B/2489

* 9 7 8 3 6 6 2 5 6 6 7 4 9 *